Proceedings of the

19th International Congress of Classical Archaeology

Volume 19: Luce in contesto / Light in Context

Proceedings of the 19th International Congress of Classical Archaeology

Cologne/Bonn, 22 – 26 May 2018
Archaeology and Economy in the Ancient World

Edited by

Martin Bentz and Michael Heinzelmann

Volume 19

ICCA XIX AIAC

Edited by

Maria Elisa Micheli – Anna Santucci

Luce in contesto. Rappresentazioni, produzioni e usi della luce nello spazio antico / Light in Context. Representation, Production and Use of Light in Ancient Spaces

Panel 3.17

Propylaeum
SPECIALIZED INFORMATION
SERVICE CLASSICS

Bibliographic information published by the Deutsche Nationalbibliothek:
The Deutsche Nationalbibliothek lists this publication in the Deutsche Nationalbibliografie; detailed bibliographic data are available on the Internet at http://dnb.dnb.de.

Propylaeum
SPECIALIZED INFORMATION SERVICE CLASSICS

Published at Propylaeum,
Heidelberg University Library 2021.

This publication is freely available under https://www.propylaeum.de (Open Access).
urn: urn:nbn:de:bsz:16-propylaeum-ebook-638-5
DOI: https://doi.org/10.11588/propylaeum.638

Editorial Coordination: Florian Birkner, Ina Borkenstein, Christian Schöne
Editorial Staff: Stefanie Herten, Mark Locicero

Layout: Torsten Zimmer, Zwiebelfisch@quarium

Cover illustration: Roman glass lamp (New York, Metropolitan Museum); Comparison burning time (S.C. Schmidt); 'L' – Marble LED table lamp (Massimo Zammerini); 3D lighting distribution in the Cyrenean Tomb N83 (A. Santucci, P. Lassandro, M. Zonno)

ISBN: 978-3-948465-32-2
e-ISBN: 978-3-948465-31-5

Universität zu Köln

UNIVERSITÄT BONN

CONTENTS

PREFACE

On behalf of the 'Associazione Internazionale di Archaeologica Classica (AIAC)' the 19th International Congress for Classical Archaeology took place in Cologne and Bonn from 22 to 26 May 2018. It was jointly organized by the two Archaeological Institutes of the Universities of Cologne and Bonn, and the primary theme of the congress was 'Archaeology and Economy in the Ancient World'. In fact, economic aspects permeate all areas of public and private life in ancient societies, whether in urban development, religion, art, housing, or in death.

Research on ancient economies has long played a significant role in ancient history. Increasingly in the last decades, awareness has grown in archaeology that the material culture of ancient societies offers excellent opportunities for studying the structure, performance, and dynamics of ancient economic systems and economic processes. Therefore, the main objective of this congress was to understand economy as a central element of classical societies and to analyze its interaction with ecological, political, social, religious, and cultural factors. The theme of the congress was addressed to all disciplines that deal with the Greco-Roman civilization and their neighbouring cultures from the Aegean Bronze Age to the end of Late Antiquity.

The participation of more than 1.200 scholars from more than 40 countries demonstrates the great response to the topic of the congress. Altogether, more than 900 papers in 128 panels were presented, as were more than 110 posters. The publication of the congress is in two stages: larger panels are initially presented as independent volumes, such as this publication. Finally, at the end of the editing process, all contributions will be published in a joint conference volume.

We would like to take this opportunity to thank all participants and helpers of the congress who made it such a great success. Its realization would not have been possible without the generous support of many institutions, whom we would like to thank once again: the Universities of Bonn and Cologne, the Archaeological Society of Cologne, the Archaeology Foundation of Cologne, the Gerda Henkel Foundation, the Fritz Thyssen Foundation, the Sal. Oppenheim Foundation, the German Research Foundation (DFG), the German Academic Exchange Service (DAAD), the Romano-Germanic Museum Cologne and the LVR-LandesMuseum Bonn. Finally, our thanks go to all colleagues and panel organizers who were involved in the editing and printing process.

Bonn/Cologne, in August 2019

Martin Bentz & Michael Heinzelmann

Introduction.
Luce in contesto. Rappresentazioni, produzioni e usi della luce nello spazio antico – Light in Context. Representation, Production and Use of the Light in Ancient Spaces

Maria Elisa Micheli – Anna Santucci

La luce naturale e la luce artificiale, nella prospettiva culturale sia del mondo antico sia di quello moderno, hanno posto e pongono molteplici questioni, che si aprono ad altrettanti filoni d'indagine. Questo panel, parte di una ricerca più ampia condotta nell'ambito del progetto *PRIN 2015 Luce crea Luce* coordinato dall'Università di Urbino, intende offrire uno spaccato su alcuni aspetti del tema luce-materia-forma-spazio nel mondo greco-romano, sviluppandoli in ideale dialogo con le soluzioni dell'illuminotecnica contemporanea. Se dalla tradizione letterario-filosofica e dalla rappresentazione pittorica emerge con forza la centralità della luce nella riflessione antica (A. Santucci), attraverso l'analisi di alcuni più specifici strumenti per l'illuminazione (lucerne, candelabri, lampadari), realizzati anzitutto in terracotta (M. Kajser; L. Chrzanovski), vetro (B. Lepri) e marmo (M.E. Micheli) e pertinenti a differenti aree geoculturali e impieghi funzionali (L. Ambrosini), vengono esemplificate anche le dinamiche relazionali tra contesto di rinvenimento-manifattura-distribuzione, mentre lo studio di un ambito produttivo elaicolo regionale (S.C. Fioriello), legato pure al combustibile, apre a scenari socio-economici e documenta trasformazioni sul medio periodo. Inoltre, le sperimentazioni basate su diversi olii combustibili, che tentano di misurare intensità e durata della luce artificiale (M. Broisch-Höhner), e la modellazione 3D di un contesto tombale con nicchie per lucerne intendono confrontarsi 'concretamente' e/o in termini di percezione con le pratiche dell'illuminazione nel mondo antico (A. Santucci – P. Lassandro – M. Zonno). La luce investe, 'crea' e 'ri-crea' ogni cosa, come architettura (M. Zammerini) e illuminotecnica (P. Ceregioli) contemporanee testimoniano suggestivamente. Ed attorno alla luce, gli studi licnologici stanno conoscendo una stagione assai fiorente di pubblicazioni in tutte le lingue del mondo: individuare una strategia di ricerca bibliografica che consenta di recuperare in modo esaustivo questa imponente mole di dati è oggi una vera e propria sfida (L. Chrzanovski).

The ancient and modern cultural perspectives on natural and artificial light point out different questions and research areas. The present panel is part of the wider project *PRIN 2015 Luce crea Luce* coordinated by Università di Urbino, which aims to shed light on some of the aspects related to light-matter-shape-space in the Graeco-Roman world through an ideal dialogue with contemporary lighting systems. Literary and philosophical sources provide evidence for the central role of light in ancient thought, and the lighting devices themselves (pottery, stone and marble made lamps, candlesticks, chandeliers). Together, these contribute to the general reflection on the dynamics involving finds and production-distribution system, according to different areas and functions. On the other hand, the study of a regional production district that produced olives and its relation with the fuel supply reflects socio-economic issues and related changes. Actually dealing with the ancient light perception are the experiments carried out on different oils as an attempt to measure artificial light intensity and duration. This was coupled with a 3D modelling study on a tomb and its niches for lamps.

Lighting effects 'create' and 're-create' everything as suggestively proven by contemporary architecture and lighting. Lychnological studies have now quite spread all over the world: identifying a strategy and collecting the huge quantity of multilingual information in a complete way is the present and real challange.

Dipingere luci. Luce in sé, luce sugli oggetti, luce negli interni

Anna Santucci

Abstract

Greek and Roman wall paintings visualize ancient representations regarding the projection of lighting on objects and inside closed spaces. This paper reflects on such evidences, and also examines several literary sources in order to investigate how the Ancients perceived and expressed the role of the light in their visual representations.

Nell'ambito del repertorio iconografico greco e romano, la ceramografia e la pittura parietale offrono un cospicuo panorama documentario circa forme e modi dell'illuminazione nell'antichità classica. Le scene figurate restituiscono non solo immagini degli strumenti impiegati nell'illuminotecnica del mondo antico (fiaccole, torce, candelabra, lampadari, lanterne, lucerne), ma di essi visualizzano talora pure i contesti d'uso, permettendo a volte di coglierne talune specializzazioni, per lo più coerenti con le prassi attestate per via della tradizione letteraria.[1]

La pittura, però, proprio in virtù delle sue peculiarità tecniche ed espressive, sola tra tutte le arti, ha intrattenuto con la luce un rapporto privilegiato ed a più livelli, interessando questioni che vanno ben oltre la componente iconografica. Tradizioni scritte, quand'anche aneddotiche, ed evidenze archeologiche permettono di cogliere l'interazione luce-pittura nei differenti momenti della dinamica produttiva, dalla fase dell'elaborazione artistica con le sue scelte di soggetto e tecnico-materiche, fino alle risultanze della rappresentazione sul piano ottico-percettivo.

Nella breve disamina delle fonti di seguito offerte, cercherò dunque di esemplificare alcuni di questi temi, che sono oggetto di una più ampia ricerca in corso.

Anzitutto, alla luce è riconosciuto emblematicamente un ruolo decisivo nell'*inventio* stessa della pittura e delle arti plastiche, nella specifica della ritrattistica fittile. È il celebre episodio – molto in voga come soggetto nella pittura del Settecento – di Cora, figlia di Butades, vasaio sicionio attivo a Corinto, la quale fissò sulla parete il volto del suo amato tracciandone il profilo dell'ombra che il lume di una lucerna/lanterna vi aveva proiettato (Plin. nat. 35, 151). E nella fase in cui la pittura, secondo la trattatistica di primo ellenismo, toccava la sua *akmè* con Apelle, questi aveva introdotto un innovativo trattamento della superficie delle sue tavole al fine sia di mitigare effetti disturbanti nella visione, laddove i pigmenti floridi, investiti dalla luce, rischiavano di assumere dominanze quanto a (tonalità e) brillantezza, sia di preservare la pittura in sé dal degrado dovuto a fattori naturali. La sottile pellicola di *atramentum* stesa da Apelle sui suoi dipinti (Plin. nat. 35, 97) formava infatti uno

Fig. 1: Salonicco, Museo Archeologico. *Appliques* vitrei da una *kline* lignea di Alykes Kitrons e particolare della *kline* dipinta da Potidea.

strato riflettente, che "produceva un colore bianco dovuto alla luminosità [*claritatis colorem album*] e al contempo difendeva la pittura da polvere e sporcizia; lo si poteva vedere guardando vicino, ma anche in questo caso, con estrema accortezza, dosava la luce per evitare che la luminosità dei colori colpisse la vista come attraverso una pietra speculare [*luminum ratione magna, ne claritas colorum aciem offenderet*], mentre per chi guardava da lontano questo procedimento rendeva, senza farsi accorgere, più stemperati i colori [*nimis floridis coloribus austeritatem occulte*]".[2] La pellicola di *atramentum* fu, dunque, un'innovazione che migliorava la performance dell'opera quanto a fruizione (cromatico-)percettiva ed a conservazione preventiva, tanto per dirla nei termini dei restauri illuminotecnici oggi attuati su alcuni capolavori della pittura parietale post-antica.[3]

Nell'epigramma 13 di Posidippo, una gemma – quella col 'leone persiano' – è detta riflettere la luce in modo diverso, a seconda se unta d'olio o secca.[4] Plinio, dal canto suo, riferisce una miriade di informazioni – non tutte corrette – sui comportamenti di marmi, pietre e metalli rispetto alla luce, ad esempio: "proprietà dell'elettro è di brillare di uno splendore più vivo dell'argento alla luce delle lampade" (Plin. nat. 33, 81); il minio, steso su una parete, è danneggiato dalla luce del sole o della luna (Plin. nat. 33, 122); il sil si usa per dipingere le luci (Plin. nat. 33, 159). La diversa risposta di metalli e pietre alla luce poteva determinare, dunque, le scelte esecutive, al pari delle influenza che talune tinte esercitavano tra loro, in termini di maggiore brillantezza, se accostate: nel dipinto *I Cacciatori* descritto da Filostrato

(I 28, 3–4), ad esempio, la bardatura aurea di uno dei cavalli, combinata con un freno di colore scarlatto persiano, faceva che quest'ultimo "emettesse i bagliori delle pietre infuocate".

Le fonti, però, sostanzialmente non informano affatto sull'organizzazione e gestione del fattore luce in bottega o negli ambienti in cui le pitture erano eseguite a parete. L'aneddotica relativa alla *pergula* nella quale Apelle esponeva i suoi quadri per sottoporli al vaglio critico del pubblico (Plin. nat. 35, 84), lascia presumere che la luce privilegiata dai pittori fosse quella naturale e suggerimenti in questa direzione potrebbe giungere, più in generale, anche dal repertorio figurativo qualora volessimo cogliere nelle immagini di *artifices* che lavorano in spazi aperti, come Dedalo nel celebre mosaico di Zeugma,[5] il riflesso di consuetudini artigianali più che mere invenzioni iconografiche. Rari, purtroppo, sono i contesti archeologici riconosciuti, con certezza o buona probabilità, come luogo di produzione artigianale, peraltro connessi ad altre categorie di manufatti, che fanno apprezzare in certa misura le dinamiche lavorative quanto a sorgente luminosa e tipo di lavoro eseguito.[6]

Nella riflessione letteraria, oltre che nella speculazione filosofica e scientifica della cultura classica, la consapevolezza intuitivo-esperienziale dei fenomeni ottico-percettivi connessi al cambiamento dei colori in rapporto a mutate condizioni di ombra/luce, luce naturale/artificiale, quantità/qualità della luce (suo calore incluso) fu un tema ben presente. Doveroso quindi richiamare uno dei passi più significativi formulati a questo proposito nel trattato pseudo-aristotelico sui colori "[793b]... ci appaiono di diverso colore gli stessi oggetti se osservati nell'ombra, nella luce, quando c'è il sole, sotto una luce intensa o tenue, secondo le inclinazioni e le diverse posizioni, e altri differenti fattori. Lo stesso accade con gli oggetti esposti alla luce del fuoco, della luna, o delle lanterne, perché ognuna di queste luci è diversa; e ancora nel caso della combinazione dei colori, perché essi assumono il loro colore nel passaggio dell'uno attraverso l'altro".[7]

Dal rapporto con la luce – riflessa, rifratta o trasmessa – materia e colore hanno derivato un proprio statuto, caricato talora di valenze simboliche ed è attorno al colore ed a taluni più specifici materiali – vetro, metallo, marmo – che l'antichità classica ha costruito il proprio discorso sulla luce.[8]

Ad esempio, è topos letterario longevo e di ispirazione fenomenologica quello connesso a luce e colore dell'oro. Basti ricordare i versi di Bacchilide (III, vv. 15-22) circa i tripodi d'oro dei Dinomenidi a Delfi, il cui folgorio dalla terrazza del tempio di Apollo risplendeva sulla folla festante a Siracusa, "in un crescendo di effetto che culmina nella visione dell'oro fulgido [...] intensa nota coloristica [...] folgorazione inaspettata".[9] E un simile binomio, oro-bagliori, sottenderei anche ad altri racconti benché meno espliciti, come quello di Pausania (10, 15, 4-5) circa la statua dorata di Atena sormontante la palma ateniese nel terrazzo delfico, la cui sfoglia d'oro sarebbe stata asportata dai corvi (presagio funesto sull'esito della spedizione siciliana[10]).

Palese, invece, è il riferimento fatto da Luciano di Samosata nel discorso *La Sala*, dove la luce naturale, filtrata da ampie finestre, è strumento di perfezione dell'apparato

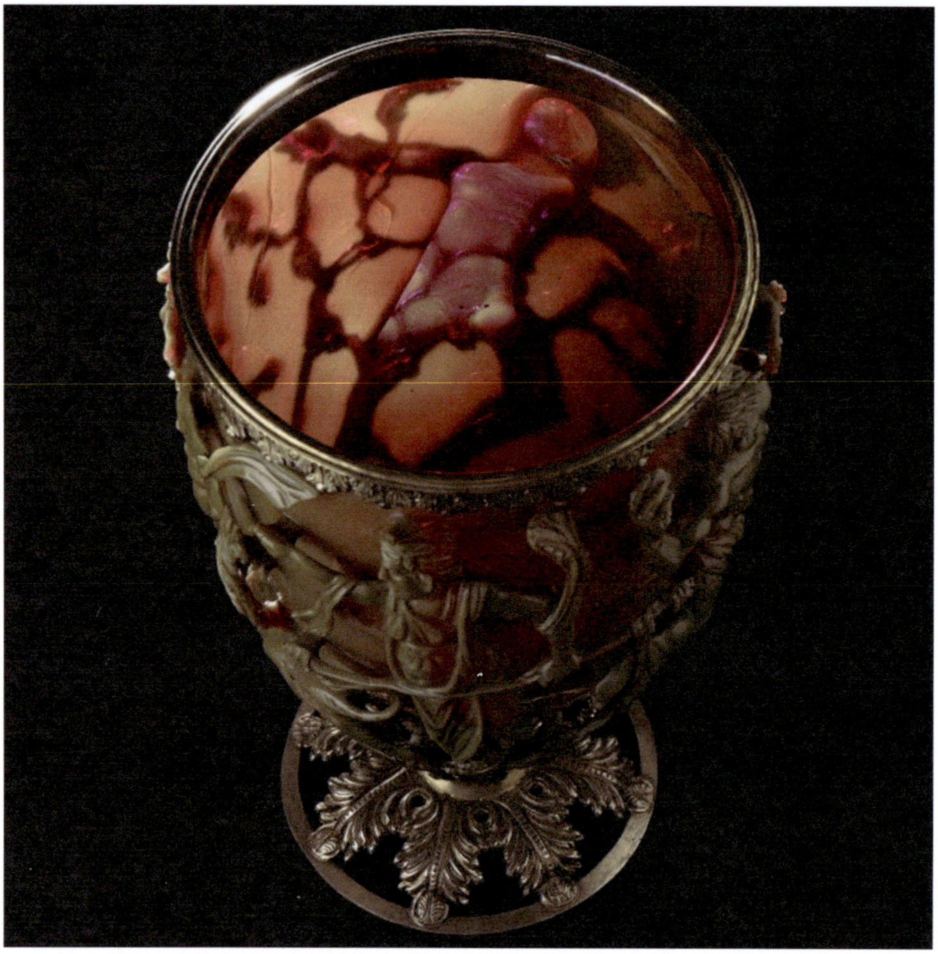

Fig. 2: Londra, British Museum. La c.d. Coppa di Licurgo.

decorativo della stanza medesima, e dunque della sua bellezza, facendone risplendere dorature e colori e investendola di un'atmosfera speciale, paragonabile come effetto all'ammirabile gioco di variegate sfumature che mostrano le piume di un pavone quando, aperta la coda a ruota, sono investite dai raggi del sole: "[11] [...] È questo il momento in cui appare ancora più mirabile, con i suoi colori che variano alla luce e si trasformano impercettibilmente mutando aspetto in altre belle sfumature [...] Quello che poco prima aveva colore del bronzo, a un leggero movimento sembra oro, e quello che alla luce appariva blu brillante, all'ombra diventa verde acceso, così tanto la bellezza delle sue piume si trasforma alla luce!".[11] Le *nuances* evocate da Luciano per le piume del pavone richiamano inoltre tutta la trattatistica sui colori del bronzo, tra cui eccelleva quello c.d. 'nero' (*kýanos*) di Corinto, la cui patina iridescente mutava sotto la luce in virtù della composizione, assumendo toni bluastri, rossicci etc.[12]

Per restare nell'orizzonte dei materiali che qui interessa esaminare, meritano attenzione le creazioni polimateriche che potenziavano gli effetti luminosi/luministici

Fig. 3: Particolari di oggetti metallici nelle pitture dalla Villa di Publio Fannio Sinistore a Boscoreale.

dipinti. A proposito delle celebri *klinai* di Potidea,[13] è stato evidenziato come il colore bianco usato per i motivi ornamentali delle zampe sia trasposizione pittorica delle incrostazioni vitree applicate, nella realtà, alle *klinai* di legno (fig. 1). In questo senso, le semisfere di vetro realmente applicate entro girali ed intese dalla critica come occhioni di valenza apotropaica,[14] credo vadano interpretate invece, e forse in modo più pregnante, proprio in rapporto agli effetti di luce che avrebbero prodotto. Penso infatti a uno dei quadri descritti da Filostrato (Le Cantatrici di inni II 1, 2) e di cui la *techne* del pittore è detta da elogiare in quanto aveva saputo rappresentare una cornice di pietre preziose disposte non sulla base del colore, ma della luce, creando così l'effetto che irradiasse splendore.

Anche un manufatto raffinato qual è la c.d. coppa Rothschild con la storia del re Licurgo (fig. 2) è stato riletto dal punto di vista dell'originaria destinazione d'uso – una lampada – proprio in rapporto alle dinamiche di luce-colore che l'hanno resa celebre: realizzata in vetro opaco verde, appare di questo colore se investita dalla luce riflessa di una fonte esterna, mentre muta in rosso quando trasmette luce da una fonte posta al suo interno (responsabili dell'effetto ottico sarebbero particelle d'oro e d'argento incluse nell'impasto vitreo).[15]

Come noto, le conquiste pittoriche in materia di luce/ombre, assegnate dalla tradizione ad Apollodoro d'Atene – che proprio con ciò aveva saputo 'appagare la vista del pubblico antico come nessun'altro prima di lui' – e Zeusi,[16] sono evidenti sul piano archeologico sostanzialmente negli esiti ormai tardo-classici e primo-ellenistici.[17]

Riflessi di luce e bagliori usati come controparte visiva di metalli hanno una ricca documentazione ceramografica e pittorica ed ampia è la letteratura sul tema. Qui evochiamo solo le tante potenzialità di un tale *excursus*, che va dalle bardature dei

Fig. 4: Particolari di oggetti di vetro nelle pitture dalla Villa di Publio Fannio Sinistore a Boscoreale e dai *praedia* di Giulia Felice.

cavalli ed armi di guerrieri sul Sarcofago delle Amazzoni tarquiniese,[18] alle panoplie 'appese' alle pareti nella Tomba di Lyson e Kallykles a Mieza-Lefkadia,[19] fino alle tante statue e manufatti toreutici organizzati tra le architetture ingannevoli del c.d. secondo stile pompeiano[20] (fig. 3) – un sistema decorativo, questo, i cui impianti illusionisti sono sostanziati, più in generale, proprio dai fittizi giochi di luce ed ombre disseminati sulla parete.[21] Per non parlare dei medesimi effetti rintracciabili nella tradizione ecfrastica.[22]

Ma la luce è stata raffigurata anche di per sé. Plinio, Luciano, Pausania, Filostrato – per limitarci alle fonti più note – menzionano numerosi dipinti che avevano catturato l'ammirazione del pubblico proprio per la virtuosistica resa di sorgenti luminose naturali e artificiali (lampi, fulmini, saette, fiamme, fiammelle etc.). Apollodoro d'Atene aveva dipinto un Aiace arso dal fulmine – *Aiax fulmen incensus* – finito a Pergamo (Plin. nat. 35, 60). L'eccellenza di Apelle si era espressa nella raffigurazione di cose impossibili da dipingere quali, per l'appunto, tuoni, lampi, fulmini (Plin. nat. 35, 97) e il fulmine tenuto in mano da Alessandro Ceraunoforo, nel costosissimo quadro eseguito in tetracromia ed esposto nel tempio di Artemide Efesia, sembrava uscire dalla tavola illuminando i piedi del sovrano con sorprendente illusionismo (Plin. nat. 35, 92). Dalle *ekphraseis* di Filostrato, attento osservatore di effetti di luce/ombra,[23] sappiamo di un 'quadro' di Semele col tuono di Bronte, il fulmine di Astrape, il fuoco divorante la reggia tebana e la donna e il bagliore astrale emanato dal neonato Dioniso (Semele I 14, 1–3); di un notturno nel quale la scapola eburnea

Fig. 5: La scena di Micone e Pero in alcuni *pinakes* pompeiani.

di Pelope splendeva come astro, illuminando tutta la figura del giovane (Pelope I 30, 4), e di un altro in cui un corpo era completamente illuminato da una fiaccola (Komos I 2, 3).

Non conserviamo nulla, ma la pittura moderna soccorre la nostra immaginazione quanto meno rispetto allo stupore suscitato da alcuni 'maestri della luce' (ad esempio Turner, presentato al pubblico anche sul grande schermo in anni recenti), benché non possa colmare il vuoto di composizioni che padroneggiavano tonalità luminose e cangianti.

Esecuzioni non meno sapienti e similari alle precedenti erano quelle con riverberi della luce sull'acqua (Philostr. Melete II 8, 3) e con trasparenze vitree, di cui Pausia aveva dato una prova elevata raffigurando Methe – l'Ubriachezza – mentre beveva da una coppa di cristallo facendo vedere sia la coppa, in trasparenza, sia il volto di donna[24] (Paus. 2, 27, 3). Ne traiamo degli esempi dal repertorio degli *xenia* nei sistemi parietali di II e IV stile pompeiano[25] (fig. 4).

Vi è, infine, la luce in sé, ma in scene ambientate in spazi architettonici chiusi. Antifilo e Filisco si erano cimentati entrambi con un soggetto virtuosistico, un fanciullo che soffia sul fuoco; e mentre il primo era stato elogiato a motivo della "casa – già bella di suo – che risplende di bagliori e per il viso stesso di fanciullo"[26] (Plin. nat. 35, 138), il secondo aveva ambientato la scena in una bottega di pittori *officinam pictoris ignem conflante puero* (Plin. nat. 35, 143). Ateneo (Deipn. 11, 474 D), citando l'opera *I pittori* di Polemone, menziona le *Nozze di Piritoo* dipinte da Ippi di Atene, in cui una lucerna in terracotta pendente dal soffitto – direi peraltro polylichne – "riversava intorno la luce delle fiamme".[27]

Tuttavia, dalla celebre stele medio-ellenistica di Ediste nel Museo di Volos[28] ai *pinakes* pompeiani, di soggetto epico-mitologico o di genere (amoroso, conviviale etc.), il repertorio figurativo ambientato negli interni non visualizza mai la luce come sorgente luminosa in sé, naturale o artificiale che sia. Laddove le ambientazioni mostrino quinte architettoniche con aperture (finestre, porte, parte superiore di colonnati balaustrati etc.), la luce naturale non entra dentro e non ha conseguenze visive nell'ambiente interno, che anzi è illuminato da una fonte esterna alla scena stessa, che in genere investe frontalmente figure ed architetture, cosicché le aperture stesse sono superfici piane di colore uniforme e un poco più chiaro.

Vi è un'unica eccezione a queste tendenze riscontrabili nel repertorio ed essa è costituita da tre *pinakes* raffiguranti la storia di Micone e Pero,[29] un esempio di *pietas erga parentes*, molto celebre anche nella cultura letteraria e figurativa moderna[30] (fig. 5a–c). Pero allatta il vecchio padre, recluso in prigione ed affamato, per salvarlo dalla morte. La storia deve la sua fama al racconto di Valerio Massimo (5, 4, ext. 1), che ne menziona proprio una *picta imago*, e tre sono le pitture pompeiane sopraggiunge sino a noi.

È l'ambientazione stessa dell'episodio, un carcere, che conferisce alla luce un ruolo particolare ed importante a livello narrativo: quel fascio di luce naturale, che penetra nello spazio oscuro ed angusto da una piccola finestra sbarrata da una grata di ferro, potenzia al massimo il portato comunicativo di queste immagini: connota, qualificandolo per contrapposizione, lo spazio carcerario in sé; punta un riflettore sul gruppo, direzionando l'attenzione su di esso; esalta il sentimento patetico di un'azione un poco disturbante, che può generare un qualche disagio nell'osservatore. È un fascio di luce semioforo sotto molteplici aspetti, ma finisce qui, nel senso che è una luce fittizia e non interagisce in alcune modo con il resto della raffigurazione.

Nel primo quadro il fascio di luce, semplificato in una banda di colore avorio sovra dipinta sul fondo scuro, attraversa la stanza dalla finestra all'angolo inferiore sinistro, tracciando una diagonale dietro le figure; nel secondo quadro, a schema invertito, il fascio di luce, reso in modo un poco più naturalistico, a settore di cerchio, tanto da venire frainteso come tendaggio dai disegnatori ottocenteschi, si proietta sul gruppo e sfuma verso l'angolo inferiore destro del campo figurativo; nel terzo quadro il fascio di luce, dalla finestra ora spostata sulla parete di fondo, traccia una diagonale innaturale che termina dietro le spalle di Pero.

È un fascio di luce sempre lineare, piatto, geometrico, pseudo-naturalistico nel movimento che segue rispetto alla finestra solo quando questa è posta su un lato della scena, ma disarticolato e innaturale quando questa è sulla parete di fondo. Nulla a che vedere con la luce di Caravaggio – vorrei dire, scherzando – ma comunque una testimonianza importante per noi, ai fini di una migliore comprensione della cultura della luce nel mondo classico.

Note

Ricerca condotta nell'ambito del PRIN 2015 – *Luce crea Luce* (2015PX7BEY), Unità Operativa dell'Università degli studi di Urbino Carlo Bo.

[1] Santucci 2019

[2] Corso et al. 1988, 395–397 e nota 97,1. Sulla questione dei colori floridi, più in particolare Rouveret 1989, 258-259; Brekoulaki 2006b.

[3] Vedi in questo volume il contributo di Piergiovanni Ceregioli.

[4] Prioux 2008, 164; Faedo 2012, 357.

[5] Darmon 2012, 261–273, tavv. 48–53.

[6] Vd. Grawehr 2011.

[7] Ferrini 2008 e in particolare, sul rapporto luce-colore, 48–40. 130–133 note 62–68. A questo tema si lega, inoltre, quello della vista che conosce molti più colori di quanti la parola possa esprimere, con tutte le questioni lessicali che ne seguono e ben presenti agli autori antichi: vd. ad esempio, Fruyt 2006; Crescenzo 2006.

[8] Descamps-Lequime 2006; Muller-Dufeu 2006; Dubel 2006; Maugan-Chemin 2006.

[9] Gentili 1953, 204.

[10] Nel passo interagiscono evidentemente anche i *topoi* relativi al potenziale mimetico ed ingannevole delle arti, se consideriamo che le parti danneggiate erano, a detta di Pausania (10, 15, 5) "la lancia della dea, le civette e i frutti rappresentati sulla palma a imitazione della fioritura naturale di stagione". Sul monumento votivo in sé, Bultrighini – Torelli 2017, 341–343.

[11] Maffei 1994, 56–79.

[12] Descamps-Lequime 2006; Muller-Dufeu 2006.

[13] Ignatiadou 2007 (con bibliografia precedente).

[14] Ignatiadou 2007, 221.

[15] Lierke 2013, 97 figg. 20. 21. 31.

[16] Rouveret 1989, 40 s. 45 s. (con relative fonti); inoltre Settis 2008, che emenda il passo di Plin. nat. 35, 62 e traduce – in modo convincente - "[...] Apollodoro [...] fece un verso, dicendo che Zeusi gli [*ipsi* anziché *ipsis*] aveva rubato l'arte, e se l'era portata seco". Più di recente, un excursus sul tema è in Barthelet 2012.

[17] Brekoulaki 2006a; Rouveret 2006a; Rouveret 2006b; Rouveret 2007, 73–75.

[18] Si veda l'eccellente apparato illustrativo in Bottini – Setari 2007.

[19] Brekoulaki 2006a, tav. 81.

[20] Se ne apprezza il repertorio in Barbet – Verbanck-Piérard 2013, ma anche in Bragantini – Sampaolo 2009.

[21] Aschler 2002.

[22] Tra i pinakes descritti da Filostrato, si vedano più in particolare: Amimone I 8, 2 (brocca aurea); Fetonte I 11, 4 (lacrime dorate delle Eliadi); I Tirreni I 19, 4 (ricamo d'oro sulle vele purpuree della nave di Dioniso); Cassandra II 10, 2 (coppe dorate che risplendono alla luce delle torce in un paesaggio notturno); Temistocle II 31, 1 (trono aureo trapunto di gemme del re medo).

[23] Abbondanza 2008, 38.

[24] Musti – Torelli 1986, 143.

[25] Per una visione complessiva del repertorio, più di recente Blum 2002.

[26] Corso et al. 1988, 449–451 e nota 138.1.

[27] Canfora 2001, 1171.

[28] von Graeve 1979, 114 s. tav. 2/3.

[29] Napoli, MAN inv. 115398 (da Pompei IX 2, 5-Casa di Arianna abbandonata) e inv. 9040 (provenienza sconosciuta); Pompei V 4, a.11-Casa di M. Lucrezio Frontone, cubicolo 6 (in situ). Per un'analisi di questi ed altri pinakes dispersi col medesimo soggetto in area Campania, Santucci 1997.

[30] Si vedano i saggi in Danese et al. 2000.

Indice delle Figure

Fig. 1: Ignatiadou 2007, figs. 2. 3. – Fig. 2: Lierke 2013, 98 pl. 28 – Fig. 3: Barbet – Verbanck-Piérard 2013, 118; Bragantini – Sampaolo 2009, 177; Barbet -Verbanck-Piérard 2013, 204 fig. 7. – Fig. 4: Barbet -Verbanck-Piérard 2013, 141 fig. 7; Bragantini – Sampaolo 2009, 81 – Fig. 5: a PPM VIII, 1061, fig. 12; b Gli ornati delle pareti ed i pavimenti delle stanze dell'antica Pompei incisi in rame (Napoli 1796), I, tav. III; c Santucci 1997, tav. III.

Bibliografia

Abbondanza 2008

L. Abbondanza, Filostrato Maggiore, Immagini (Torino 2008).

Ascherl 2002

J. Ascherl, Das Licht in der pompejanischen Wandmalerei. Der II. Stil (Regensburg 2002).

Barbet – Verbanck-Piérard 2013

A. Barbet – A. Verbanck-Piérard (eds.), La ville romaine de Boscoreale et ses fresques, I-II (Arles 2013).

Barthelet 2012

M. Barthelet, La skiagraphia: un art du détail, un art de détaille nécessaire aux effets naturalists, in: S. Lazaridis (ed.), Le détail dans les cultures visuelles (Antiquité – XXIe siècles), Actes du colloque international organize par l'UMR 7044, Strasbourg 16-17 mars 2012, Ktema 37 (Strasbourg 2012) 191–216.

Blum 2002

C. Blum, Fresques de la vie quotidienne à inscriptions peintes en Campanie, Centre d'Étude des Peintures Murales Romaines, Bulletin de Liaison 13 (Paris 2002).

Bottini – Setari 2007

A. Bottini – E. Setari (eds.), Il Sarcofago delle Amazzoni (Firenze 2007).

Bragantini – Sampaolo 2009

I. Bragantini – V. Sampaolo (eds.), La pittura pompeiana (Milano 2009).

Brekoulaki 2006a

H. Brekoulaki, La peinture funéraire en Macédoine. Emplois et fonctions de la couleur: IVème–IIème s. av. J.-C., Meletēmata 48 (Athènes 2006).

Brekoulaki 2006b

H. Brekoulaki, Considérations sur les peintures tétrachromatistes et les colores austeri et floridi, in: Rouveret et al. 2006, 29–42.

Bultrighini – Torelli 2017

U. Bultrighini – M. Torelli, Pausania. Guida della Grecia 10, Delfi e la Focide (Milano 2017).

Canfora 2001

L. Canfora (ed.), Ateneo. I Deipnosofisti – I dotti a banchetto (Salerno 2001).

Corso et al. 1988

A. Corso – R. Muggelesi – G. Rosati, Gaio Plinio Secondo, Storia naturale 5. Mineralogia e storia dell'arte, libri 33–37 (Torino 1988).

Crescenzo 2006

R. Crescenzo, La traduction du vocabulaire de la couleur à la Renaissance. L'exemple des Images de Philostrate traduites par Blaise de Vigenère, in: Rouveret et al. 2006, 55–76.

Danese et al. 2000

R.M. Danese – D. De Agostini – R. Raffaelli – G. Zaganelli (eds.), Allattamento filiale: la fortuna, Atti del colloquio, Urbino 28–29 aprile 1998 (Urbino 2000).

Darmon 2012

J-P. Darmon, La mosaïque de la pièce P3 (A1) dans la Maison 1 (Maison de Poséidon), in: C. Abadie-Reynal – R. Ergeç (eds.), Zeugma I. Fouilles de l'habitat 1. La mosaïque de Pasiphaé, Varia Anatolica XXVI (Istanbul 2012) 239–273.

Descamps-Lequime 2006

S. Descamps-Lequime, La polychromie des bronzes grecs et romains, in: Rouveret et al. 2006, 79–92.

Dubel 2006

S. Dubel, Quand la matière est couleur: du bouclier d'Achille aux "tableaux de bronze" de Taxila, in: Rouveret et al. 2006, 161–181.

Faedo 2012

L. Faedo, Rec. a Èveline Prioux, Petits musées en vers. Épigramme et discours sur les collections antiques (Paris 2008), Gnomon 84, 2012, 352–359.

Ferrini 2008

M.F. Ferrini, Aristotele. I colori e i suoni (Milano 2008).

Fruyt 2006

M. Fruyt, La lexicalisation et la conceptualisation de la couleur, in: Cl. Thomasset (ed.), L'écriture du texte scientifique: des origines de la language francaise au 18. siècle (Paris 2006) 13–47.

Gentili 1953

B. Gentili, I tripodi di Delfi e il III carme di Bacchilide, PP 30 (Napoli 1953) 199–208.

von Graeve 1979

V. von Graeve, Zum Zeugniswert der bemalten Grabstelen von Demetrias für die griechische Malerei, in: B. Helly (ed.), La Thessaglie, Actes de la table ronde, Lyon 21–24 Joullet 1975 (Lyon 1979).

Grawehr 2011
M. Grawehr, Lichtverhältnisse und Raumnutzung in antiken Bronzewerkstätten, in: P.I. Schneider – U. Wulf-Rheidt (ed.), Licht-Konzepte in der vormodernen Architektur, Internationales Kolloquium Berlin 26. Februar – 1. März 2009, Diskussionen zur Archäologischen Bauforschung 1 (Regensburg 2011) 118–127.

Ignatiadou 2007
D. Ignatiadou, Le verre incolore, élément du décor polychrome du mobilier funéraire de Macédonie, in: S. Descamps-Lequime (ed.), Peinture et couleur dans le monde grec antique, Actes de colloque, Paris 10 et 27 mars 2004 (Paris 2007) 219–227.

Lierke 2013
R. Lierke, On the Manufacture of Diatreta and Cage Cups from the Pharos Beaker to the Lycurgus Cup, in: Chr. Entwistle – L. James (eds.), New Light on Gold Glass. Recent Research on Byzantine Mosaics and Glass, British Museum Research Publication 179 (London 2013) 89–102.

Maffei 1994
S. Maffei (ed.), Luciano di Samosata. Descrizione di opere d'arte (Torino 1994).

Maugan-Chemin 2006
V. Maugan-Chemin, Les couleurs du marbre chez Pline l'Ancien, Martial et Stace, in: Rouveret et al. 2006, 103–125.

Muller-Dufeu 2006
M. Muller-Dufeu, Les couleurs du bronze dans les statues grecques d'après les descriptions antiques, in: Rouveret et al. 2006, 93–102.

Musti – Torelli 1986
D. Musti – M. Torelli, Pausania. Guida della Grecia 2, La Corinzia e l'Argolide (Milano 1986).

Prioux 2008
E. Prioux, Petits musées en vers. Épigramme et discours sur les collections antiques (Paris 2008).

Rouveret 1989
A. Rouveret, Histoire et imaginaire de la peinture ancienne (5e siècle av. J.C. – 1er siècle ap. J.C.) (Rome 1989).

Rouveret 2006a
A. Rouveret, Skiagraphia/scaenographia. Quelques remarques, Pallas 71, 2006, 71–80.

Rouveret 2006b
A. Rouveret, Les yeux pourpres. L'expérience de la couleur dans la peinture classique entre réalités et fictions, in: Rouveret et al. 2006, 17–28.

Rouveret 2007
A. Rouveret, La couleur retrouvée. Découvertes de Macédoine et textes antiques, in: S. Descamps-Lequime (ed.), Peinture et couleur dans le monde grec antique, Actes de colloque, Paris 10 et 27 mars 2004 (Paris 2007) 69–79.

Santucci 1997
A. Santucci, Micone e Pero: l'iconografia antica, in: R. Raffaelli – R.M. Danese – S. Lanciotti (eds.), Pietas e allattamento filiale. La vicenda, l'exemplum, l'iconografia, Atti del convegno, Urbino 2–3 maggio 1996 (Urbino 1997) 123–139.

Santucci 2019

A. Santucci, Narrare l'illuminazione. Considerazioni sul repertorio letterario e iconografico del mondo greco e romano, in: L. Chrzanovski (ed.), Greek, Roman and Byzantine Lamps from the Mediterranean to the Black Sea, Acts of the 5th International Lychnological Congress (Lumen! Sibiu 15th–19th September 2015), In Memory of Dorin Alicu, Monographies Instrumentum 63 (Drémil Lafage 2019) 256–271.

Settis 2008

S. Settis, Luci e ombre di Zeusi (Plin. nat. 35, 62), Materiali e discussioni per l'analisi dei testi classici 60, 2008, 201–204.

Light in Antiquity: Etruria and Greece in Comparison

Laura Ambrosini

Abstract

This study discusses lighting devices in Etruria and the comparison with similar tools in Greece, focusing on social and cultural differences. Greeks did not use candlestick-holders; objects that have been improperly identified as *candelabra* should more properly be classified as lamp/utensil stands. The Etruscans, on the other hand, preferred to use torchlight for illumination, and as a result, the *candelabrum*—an upright stand specifically designed to support candles – was developed in order to avoid burns to the hands, prevent fires or problems with smoke, and collect ash or melting substances. Otherwise they also used utensil stands similar to the Greek lamp holders, which were placed near the *kylikeion* at banquets. *Kottaboi* in Etruria were important utensils used in the context of banquets and symposia, while in Greece, they were interchangeable with lamp/utensil stands.

Introduction

Light in Etruria[1] certainly had a great importance, as confirmed by the numerous gods connected with light in its various forms (the thunderbolt, the sun, the moon, the dawn, etc.).[2] All the religious doctrines and practices concerning the thunderbolt, the light par excellence, are relevant in this concern. Tinia, the most important god of the Etruscan pantheon (the Greek Zeus), is often depicted with a thunderbolt. Sometimes also Menerva (the Greek Athena) uses the thunderbolt as weapon (fig. 1), which does not seem to be attested in Greece.[3] Thesan was the Etruscan Goddess of the dawn identified with the Greek Eos; Cavtha is the name of the Etruscan god of the sun in the cult, while Usil is the sun as an appellative or mythological personality. Several specimens of bone parasols (fig. 2) have been found in Etruria. They were reserved for noble castes as a sign of extreme refinement. The parasol also appears in courtship, in wedding preparations and in the wedding scenes on bronze mirrors, stelae, sarcophagi, wall paintings etc. In Etruria a mantle was used to shelter from the light during the wedding ceremony. On the famous bronze liver of Piacenza, the name Usil lies opposite from Tiu (the Moon). The deity had to be venerated in the sanctuaries, as is documented by some bronze votive half-moons offered at Città della Pieve[4] and Chianciano Terme.[5]

Light in Etruscan life is connected with divination, because it throws light on the dark future and enables one to see what may happen. Among the Etruscans there was even the practice of the interpretation of thunderbolt,[6] whose precepts were written in the *Libri Fulgurales.* According to Seneca, Pliny, Festus, and Servius, Tinia can throw three types of thunderbolt. The interpretation of the lightning was divided into three

Fig. 1: Etruscan Bronze Mirror with Menerva holding a thunderbolt.

moments: 1) the analysis (observation of the sky where the lightning comes from and where it comes back) with the theory of the launch (3 *manubiae* of Jupiter: he launches the 1st alone, the 2nd after consulting a college of *dei consentes* and the 3rd after consulting the *dei superi et involuti*); 2) the interpretation (the lightning is *fatidica* when it comes from above or from the stars, *bruta* does not mean anything, and *vana*, whose meaning has vanished); 3) the atonement. According to Lucanus (1.608) the *haruspex Arruns* wanders around, murmuring prayers and collecting scattered embers of lightning that he carefully buries in a fenced place dedicated to the gods from which the thunderbolt was launched. The lightning grave is a box superimposed on a well containing the remains of what was destroyed by lightning. At Vulci, a slab engraved with the inscription *Fulgur conditum* was put on top of the well containing the statue of the Spinner of Munich, which was struck by lightning and buried.[7] As is known, the famous bronze statue known as the Mars of Todi also was buried in a *fulgur conditum*.[8] Another more recent *fulgur conditum* was found a few years ago in Todi, Porta Amerina.[9] The Etruscan name of the priest who was involved in the interpretation of lightning (*truntvt frontac*) is known thanks to the bilingual (in Latin and in Etruscan) funeral inscription of Pesaro.[10] The Brontoscopic Calendar[11] was organized into twelve months, and served as a reference to priests who interpreted the lightning. Without detail, because it is a

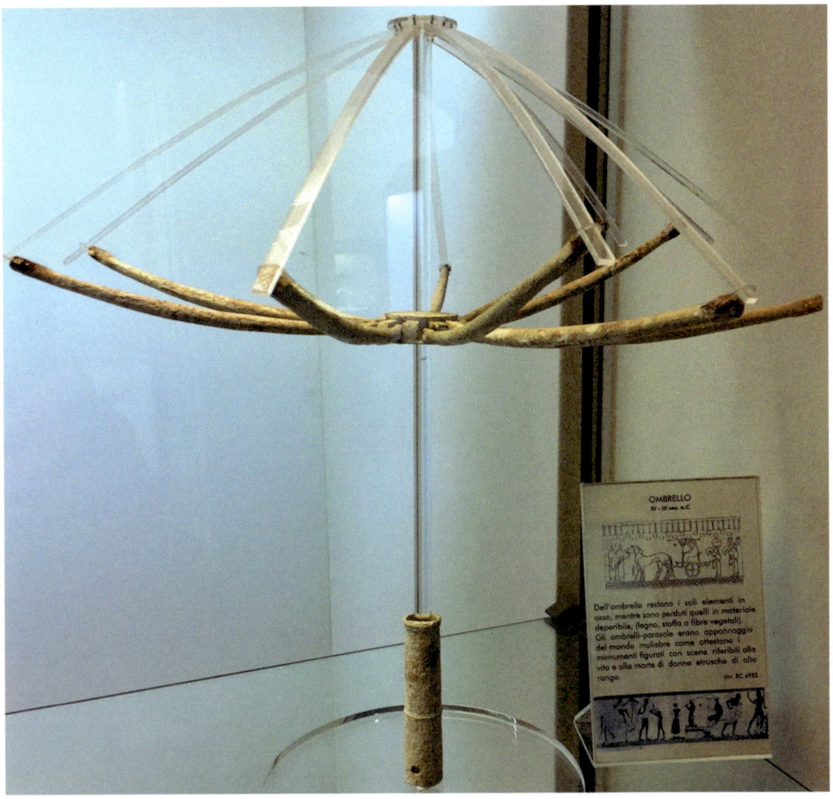

Fig. 2: Bone parasol.

very complex subject, I point out only that some classicists and historians have even doubted its authenticity. This study focuses on the comparison between lighting tools used in Etruria and in Greece. Before moving on to the tools used for lighting in the Etruscan civilization, it should be noted that the lighting of the Etruscan chamber tombs had to be similar to one used by visitors during the 18th and 19th century (fig. 5). People entered the tomb accompanied by torches (more than lamps, which emit little light). The perception of the paintings had to be very different from the one we have today which is given by artificial lights. The light came in through the door and only after a certain period the eye became accustomed to this change, and, thanks to the light of the torches it could see the paintings. This vision limited and hardly all the painted surfaces were illuminated at the same time.

Lamps in Greece and Etruria

Among the most used tools, there are certainly oil lamps. Lighting tools in Etruria are known thanks to archaeological findings and depictions on tomb paintings, pottery, and utensils in the tomb Golini I at Orvieto[12] (fig. 4), of the mid-4th century BC. Here, two

Fig. 3: Visit to the Tomb of the Reliefs – Cerveteri, Oil on Canvas by Cesare Berzotti, 1850.

candlesticks with candles and an incense-burner are painted near to the throne of Aita (Hades) and Phersipnai (Persephone). Candlesticks (called *funale* by the Romans) were intended to support candles of a wick of flax, papyrus, dried rush pith, or other vegetable fibers dipped in beeswax that were placed upright on prongs of various heights. The *thymiaterion*[13] had a bowl at its apex which contained the incense to be burned.

Despite vague analogies in their visual representations, the study of lighting tools shows significant differences between Etruscan and Greek culture. Around the first quarter of the 7th century BC, the use of clay lamps (hand-made, open shaped and filled with oil) spread throughout mainland Greece, inspired by contacts with Egypt, the eastern Mediterranean and Cyprus. Toward the end of the 7th century, wheel-made examples began to be produced both in Asia Minor and at Corinth. By the mid-6th century BC, Athens began to export locally-made lamps to Magna Graecia and the Hellenized areas of Sicily.[14]

In Etruria, during these same centuries, the situation was quite different. Greek clay lamps or locally-produced examples in the Greek style were both in use, while types corresponding to the East-Greek, Siceliot, Corinthian, and Attic traditions were rare. Nevertheless, a few examples have been found in Gravisca, Cerveteri, Pyrgi, Vulci, Acquarossa, Populonia, and Orvieto. An interesting mining lamp with the owner's inscription[15] (Akius) comes from Populonia, where iron was mined.

Fig. 4: Orvieto, Museo Archeologico Nazionale. Painted wall depicting two *candelabra* and a *thymiaterion* in the Tomb Golini I, Orvieto, mid-4th century BC.

Occasionally, the Etruscans imported Phoenician lamps, as is documented by a lamp with nozzles and also a saucer needed to catch the dripping oil; it comes from the Tumulus of the Chariots at Populonia, which dates to the mid-7th – early 6th century BC.[16] Another Phoenician lamp comes from the small Tumulus III bis of Cerveteri,[17] and the arcade building of Pyrgi recently produced five Phoenician lamps of the shell-type, with two nozzles.[18] These large oil lamps were produced in Carthage and date to the mid-6th century BC. Slightly later in date is the *pastiche* from the Isis Tomb at Vulci, which consists of a bronze lamp assembled with a Cypriot torch-holder.[19] Sites such as Pyrgi and Gravisca, both *emporia* with sanctuaries frequented by Greeks, represent exceptions to this general rule of the rarity of imported oil lamps in Etruria. There, hundreds of lamps have been found, linked specifically to their context and function as *ex voto* objects that were used most likely for the night-time worship of chthonic deities.[20]

The reason for the use of torches and conversely the rarity of clay lamps in Etruria – either locally produced or imported – between the Orientalizing and Classical periods cannot be related only to the production of oil in this region, since it was already an important good during these centuries. This is made evident by the use of oil both

Fig. 5: Roma, Museo Nazionale Etrusco di Villa Giulia. Etruscan bronze *kreagra.*

for food, as testified by the production of transport amphorae,[21] and for cosmetics, as the production of Etrusco-Corinthian *aryballoi* indicates.[22] Rather, we must look for other reasons to explain this phenomenon. One factor may have been the distribution of natural resources that could be used for lighting in Etruria and central Italy. In fact, the region was heavily forested in antiquity. Thus, because of this feature, the Etruscans might not have been willing to transition to the use of animal fats (such as tallow) and then to vegetable oils. According to some scholars, we must include among the bronze supports for torches also the *harpax* or *kreagra*[23] (fig. 3), a handle holding a ring from which the rays branch off; according to different scholars it may have functioned as a tool for cooking meat. Other torches holders have been misinterpreted as supports for mirrors or other bronze artifacts because they take the shape of molded bone cylinders.[24]

Fig. 6: Cortona, Museo dell'Accademia Etrusca di Cortona. The Cortona Lamp.

As concerns bronze lamps, an archaic example with a Siren was probably made in Etruria, while a bronze lamp in Berlin (found in Etruria) probably comes from Greece.[25] An exceptional bronze lamp is the so-called Cortona Lamp[26] (fig. 6), a multi-nozzle lamp that dates back to the end of the 5th century BC. It weighs about 58 kg and has a diameter of 60 cm. It probably had a ritual function, placed in a temple of Tinia, as can be deduced from the inscribed plaque with a dedication by the Muśni family. Another bronze lamp (diam. 1,50 m) was found in the I Fucoli sanctuary near Chianciano.[27]

During the 4th century BC the archaeological data still indicate the extreme rarity of oil clay lamps in Etruria, as also outlined by Carlo Pavolini for Rome.[28] Then, at the beginning in the 3rd century BC, potters in Southern Etruria began to produce oil lamps in black gloss ware, similar in shape to the biconical type known as the Esquiline type

Fig. 7: London, British Museum (inv. no. 1824,0454.25). Etruscan bronze three-nozzled hanging lamp, 3rd century BC.

and these soon became wide-spread. Francesca Serra Ridgway suggests Tarquinia was the center of production of this type, and that it started not earlier than the beginning of the 3rd century BC according to the tomb findings in the Calvario necropolis.[29] The production of these lamps has been influenced by Roman rather than that of the Greek type or the Greek Hellenistic type e. In addition, as Pavolini has argued, it was most likely a mixture of environmental factors (e.g. the destruction of forests) combined with the contacts with the Greek world, particularly via Southern Italy and Hellenized Sicily. The beginning of production of bronze suspended oil lamps with a winged human figure wearing a swan's head cap dates to the late 4th century BC[30] (fig. 7). It perhaps represents an Etruscan spirit connected with the rural and Dionysiac world. In the late 3rd century BC, clay lamps imitating these bronze models were made. Examples come from the *Volumni* hypogeum in Perugia[31] and they are modest locally-made lamps.

The knowledge of the structure of lighting tools is crucial, because it enables us to define their functions and uses in these cultures. The Greeks never used

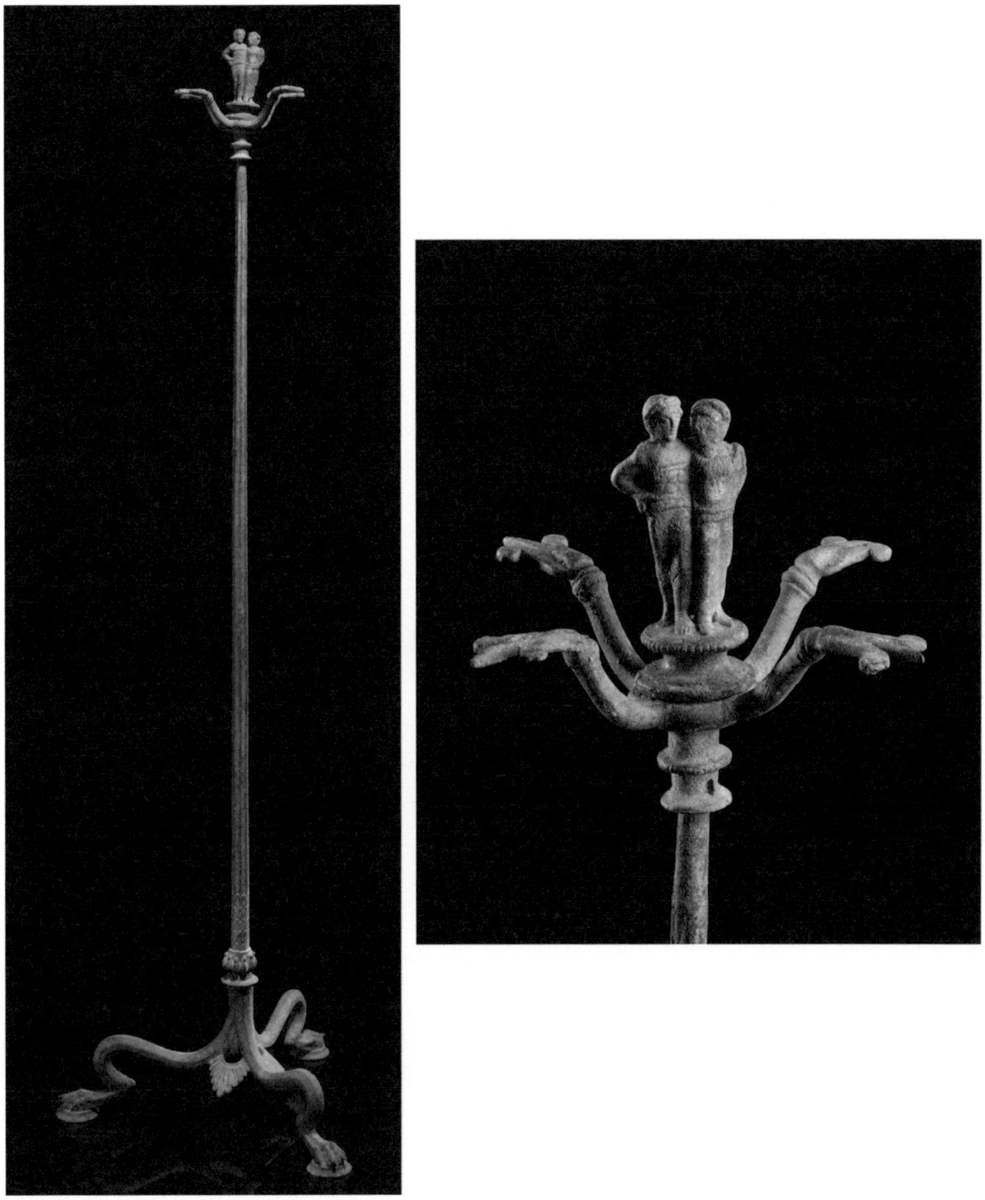

Fig. 8: Etruscan Bronze Candelabrum, 450 BC.

candlestick-holders, therefore objects improperly identified as *candelabra* (i.e. as supports for illumination with candles) should more properly be classified as lamp/utensil stands.[32] On the other hand, the Etruscans preferred the use of torchlight and consequently the *candelabrum*[33] (fig. 8). It was conceived as an upright stand specifically designed to support candles made of resinous fibers saturated with flammable substances. It was developed to prevent hands from burning, to avoid fires or problems related to smoke, and to collect ash or melting substances. Since wax and tallow candles (*cereus* and *candela*, respectively, in Latin) are not found in Greece, except as later imports from Italy, it is clear that Greeks did not invent the *candelabrum*. Otherwise they also used utensil stands similar in shape to the Greek lamp holders, placed near the *kylikeion* at banquets. All in all, this analysis demonstrates that there are both formal and functional variations between Greek and Etruscan lighting tools that can be traced back to social and cultural differences. In the past, many lamp/utensil stands depicted on red-figure Attic pottery have been confused with *candelabra* or *kottaboi*.[34] The presence of such items indicates that the scenes represent the *symposium*, rather than a banquet. Greek banquets were, in fact, held over a period of time when the main meal of the day (gr. *deípnon*) was eaten, usually between the afternoon and sunset. An exception could be a fragment of a mid-late 5th century BC Greek bell-krater from Al Mina (Syria), attributed to the Academy Painter,[35] which represents an object similar to a candlestick. It resembles an incense-burner with two prongs, a type also documented in Etruria.[36] Red-figure vases with scenes relating to the *symposium* or erotic subjects connected to this theme have representations of utensil-stands that support a lamp with two nozzles, one or two ladles, and a strainer. Lamp/utensil stands also appear on a number of vases produced during the first half of the 5th century BC, depicting symposiasts playing the *kottabos kataktos*, the game where they launch wine from their *kylix* and try to hit a lamp stand. Another interesting Greek vase painting iconography is the Centaurs using a lamp/utensil stand as a weapon in their battle with the Lapiths.[37] The depiction clearly represents the Centaurs' uncivilized behavior and violation of cultural norms.

Candelabra in Etruria

Given their material – bronze – the Etruscans' *candelabra* were luxury goods, produced for the wealthy classes. The vast majority of the population used tallow candles, pitch, or wooden torches. Even in Roman times, wax candles continued to be used exclusively by the élite, while the sebaceous candle was the cheaper and more widespread type.[38] The use of *candelabra* in Etruria is well-known from the mid-6th to the second half of the 4th century BC. Sometimes pairs of *candelabra* have been found in tombs dating to the beginning of the 4th century BC (e.g. at Spina Valle Pega in Tombs 136A and 185A). The presence of identical pairs of objects in the same tomb also occurs in different classes of pottery (e.g. Attic vases, *oinochoai* and *skyphoi*). Candlesticks are generally older than the burials: generally, they were made at least twenty to thirty years before the deceased was interred and they are sometimes as much as fifty years older. All of the known *candelabra* come from funerary contexts, otherwise, it is likely that they were also used to illuminate houses considering their value. Some bronze *candelabra* were also used and offered as gifts in sanctuaries too. In some burials, they have been disabled, so as to be consecrated to the tomb. Examples of this process (occasionally also used for bronze mirrors) come from the later 5th century BC candlestick from Tomb 6 at Monte Avigliano, and the nine bronze *candelabra* discovered in the *dromos* of the Curuna Tomb at Tuscania.

Aside from these precious objects, *candelabra* made of iron, lead, clay, and even wooden parts existed, as proven by an epigram of Martial and a letter by Cicero to his brother Quintus. Iron *candelabra* dating between the end of the 6th and the mid-4th century BC are documented in Vulci, Bolsena, Orvieto, Populonia, Volterra, Spina, and in the Siena area. However, the maximum concentration is recorded from the late 4th to early 3rd century BC. Artisans also made them in silvered pottery (Volterra), red paint (Populonia Monte Pitti, San Cerbone and Sughera della Capra) and in black painted pottery (Monteriggioni, Capua and Perugia). Finally, the production of red- or black-glazed pottery candlesticks is well documented in northern Etruria and conversely, is completely absent in southern Etruria.

Conclusion

In the Etruscan and Greek cultures, lighting devices had different functions, as can be deduced both by their features and the roles they played in a variety of representations. It is clear that objects of a similar shape had different uses in their respective cultural contexts. This is particularly evident in the case of *candelabra*: in Etruria they were used to hold candles, while in Greece they functioned as lamp or utensil stands. In addition, the cultural context of these objects is fundamental to understanding the different use in Etruscan and Greek societies. In fact, the Etruscans had their specific culture with its own customs and distinct characteristics, still today confused and equated to the Greek ones.

Notes

[1] A PhD Dissertation on 'Lightning in Etruria' was carried out recently by V.J. Clark Mascelli at the Sapienza University of Rome. The exhibition "Luci dalle tenebre. I lumi nel mondo etrusco" at Cortona was canceled due to the covid 19 pandemic.

[2] Simon 1984. See De Grummond 2016 and now Ambrosini 2019.

[3] De Grummond 2016; Carpino 2018; Ambrosini 2019. For the parasols see Colivicchi 2007, 191; Mascelli 2014–2015.

[4] Colonna 1985, 29 no. 1.4. See now Sannibale 2018 (2019).

[5] Bonamici 2003, 51.

[6] Maggiani 1984 with references.

[7] Buranelli 1991, 161–166.

[8] Roncalli 1973.

[9] Manconi – Spiganti 2017.

[10] Emiliozzi 2009.

[11] MacIntosh Turfa 2004–2007; MacIntosh Turfa 2012; De Grummond 2016; Ambrosini 2019.

[12] Ambrosini 2002, 79–81, fig. 12a; Ambrosini 2013, 2 f. fig. 1,a–b.

[13] For the Greek see Zaccagnino 1998; for the Etruscan see Wikander 1983; Testa 1989; Buccioli 1995; Naso 2009; most of all Ambrosini 2002, and also Ambrosini 2011 and Ambrosini 2013.

[14] Howland 1958; Scheibler 1976; Rosenthal – Heginbottom 1988.

[15] Romualdi 1985a, 46 no. 2; 48 fig. 2.

[16] Romualdi 1985b, 66 no. 144.

[17] Sciacca 2000, 216 no. 243.

[18] Michetti 2020 with references.

[19] Martelli 1996.

[20] Colonna 1981, 27 no. 47.

[21] Rizzo 1990.

[22] Szilágy 1998.

[23] See Bagnasco Gianni 1999; Mascelli 2012.

[24] From Perugia – Sperandio (Nati 2008, 41–43), Santa Giuliana (Nardelli 2010, 122 f. no. 16.3) and Monteluce (Nardelli 2010, 113–120); see also Mitten-Doeringer 1967, 180 no. 184.

[25] van der Meer 2014, 295.

[26] Bruschetti 1978; Del Francia et al. 1988; van der Meer 2014 with references.

[27] Rastrelli 1993a, 474 tav. XIX; Rastrelli 1993b, 351 fig.1.

[28] Pavolini 1982, 304.

[29] Serra Ridgway 1996, 283 f.; Ambrosini 2016, 462 with references.

[30] For these lamps in London and Florence see Bailey – Craddock 1978; Rastrelli 1993a, 474 n. 40; add to this the one in Saint Petersburg (Mavleev 1990, 405-407, no. 8.4).

[31] Cenciaioli 2011, 31 f. figs. 15. 16; 103, figs. 10a-b; 128, fig. 5; 137 with references.

[32] Ambrosini 2013, 7–9 with references.

[33] Ambrosini 2013, 13–15 with references.

[34] Ambrosini 2013, 21–30.

[35] Antioch Museum, inv. no. 214874: ARV2 1125.13; Ambrosini 2013, 7.

[36] Ambrosini 2002, 92 f. fig. 31.

[37] Ambrosini 2013, 9 with references.

[38] Testa 1983, 611 n. 67; Ambrosini 2013, 13–15.

[39] Ambrosini 2017.

Image Credits

Fig. 1: Zimmer 1995. – Figs. 2, 4–6: photo Laura Ambrosini. Fig. 3: Gaultier et al. 2014. – Fig. 7: <http://www.britishmuseum.org/research/collection_online/collection_object_details.aspx?objectId=466726&partId=1&museumno=1824,0454.25+&page=1>. – Fig. 8: <https://www.christies.com/lotfinder/Lot/an-etruscan-bronze-candelabrum-circa-450-bc-5443316-details.aspx>.

References

Ambrosini 2002

L. Ambrosini, Thymiateria etruschi in bronzo di età tardo classica, alto e medio ellenistica (Roma 2002).

Ambrosini 2011

L. Ambrosini, L'incenso e gli incensieri, in: S. Rafanelli – P. Spaziani (eds.), Etruschi. Il privilegio della bellezza (Sansepolcro 2011) 73–99.

Ambrosini 2013

L. Ambrosini, Candelabra, Thymiateria and Kottaboi at Banquets: Greece and Etruria in Comparison, EtrSt 16, 2013, 1–38.

Ambrosini 2016

L. Ambrosini, Norchia 2 (Roma 2016).

Ambrosini 2017

L. Ambrosini, Souvernirs dall'Etruria per il Grand Tour, in: G. Della Fina (ed.), Gli Etruschi nella cultura e nell'immaginario del mondo moderno, XXIV Convegno Internazionale di Studi sulla Storia e l'Archeologia dell'Etruria Faina, Orvieto 2016, AnnFaina XXIV (Roma 2017) 141–155.

Ambrosini 2019

L. Ambrosini, The Gods of War and Peace in Etruria, in: K.I. Soueref – A. Gartziou-Tatti (eds.), Gods of Peace and War in the Myths of the Mediterranean Peoples, Conference Proceedings Ikaria, 2–4 September 2016 (Ioannina 2019) 209–226.

ARV2

J.D. Beazley, Attic Red-figure Vase-painters 2 (Oxford 1963).

Bailey – Craddock 1978

D.M. Bailey – P.T. Craddock, A Bronze Lamp of Late Etruscan Type, StEtr 46, 1978, 75–80.

Bagnasco Gianni 1999

G. Bagnasco Gianni, L'harpax come corona di luce, in: M. Castoldi (ed.), Κοινα. Miscellanea di studi archeologici in onore di Piero Orlandini (Milano 1999) 123–142.

Bonamici 2003

M. Bonamici, I bronzi del santuario di Sillene a Chianciano Terme, in: G. Paolucci (ed.), L'acqua degli dei. Immagini di fontane, vasellame, culti salutari e in grotta. Catalogo mostra Chianciano (Montepulciano 2003) 45–55.

Bruschetti 1978

P. Bruschetti, Il lampadario di Cortona, AnnAcEtr 10, 1978, 147–220.

Buccioli 1995

S. Buccioli, Thymiateria, in: M.P. Bini – G. Caramella-S. Buccioli, Materiali del Museo Archeologico Nazionale di Tarquinia, XIII. I bronzi etruschi e romani, Parte 1 (Roma 1995) 299–450.

Buranelli 1991

F. Buranelli, Gli scavi a Vulci della Società Vincenzo Campanari-Governo Pontificio (1835–1837) (Roma 1991).

Carpino 2018

A.A. Carpino, The Iconography of the Winged Menrva on Etruscan Engraved Bronze Mirrors from the 5th to Early 3rd Centuries B.C., in: G. Adornato et al. (eds.), Restaging Greek Artworks in Roman Times (Milan 2018) 93–103. [http://dx.doi.org/10.7359/832-2018-carp]

Cenciaioli 2011

L. Cenciaioli (ed.), L'ipogeo dei Volumni. 170 anni dalla scoperta. Atti del convegno Perugia 2010 (Città di Castello 2011).

Colivicchi 2007

F. Colivicchi, Materiali in alabastro, vetro, avorio, osso, uova di struzzo. Materiali del Museo Archeologico di Tarquinia, 16 (Roma 2007).

Colonna 1981

G. Colonna, La dea di Pyrgi. Bilancio aggiornato dei dati archeologici, 1978, in: A. Neppi Modona – F. Prayon (eds.), Akten des Kolloquiums zum Thema „Die Göttin von Pyrgi." Archäologische, linguistische und religions-geschichtliche Aspekte Tübingen 1979 (Firenze 1981) 13–34.

Colonna 1985

G. Colonna, Mezzaluna votiva, in: G. Colonna (ed.), Santuari d'Etruria. Catalogo della mostra Arezzo (Milano 1985) 20, no. 1.4.

Cristofani 1984

M. Cristofani (ed.), Gli Etruschi. Una nuova immagine (Firenze 1984).

De Grummond 2016

N.T. de Grummond, Thunder versus Lightning in Etruria, EtrSt 19.2, 2016, 183–207.

Del Francia et al. 1988

P.R. Del Francia – P. Bruschetti – P. Zamarchi Grassi, Nuove letture del lampadario etrusco. Catalogo mostra Cortona (Cortona 1988).

Emiliozzi 2009

A. Emiliozzi, Epigrafia della „Bilingue di Pesaro". Un'integrazione nel testo latino, in: S. Bruni (ed.), Etruria e Italia preromana. Studi in onore di Giovannangelo Camporeale (Pisa - Roma 2009) 371–372.

Gaultier et al. 2014

F. Gaultier – H. Laurant – P. Santoro, Gli Etruschi e il Mediterraneo. La città di Cerveteri. Catalogo della mostra Lens-Roma (Roma 2014).

Howland 1958

R.H. Howland, Greek Lamps and Their Survivals, AA 4 (Princeton 1958).

MacIntosh Turfa 2004–2007

J. MacIntosh Turfa, The Etruscan Brontoscopic Calendar and Modern Archaeological Discoveries, EtrSt 10, 2004–2007, 163–173.

MacIntosh Turfa 2012

J. MacIntosh Turfa, Divining the Etruscan World. The Brontoscopic Calendar and religious Practice (Cambridge 2012).

Maggiani 1984

A. Maggiani, L'interpretazione dei segni celesti, in: Cristofani 1984, 146–149.

Manconi – Spiganti 2017

D. Manconi – S. Spiganti, Un fulgur conditum a Todi (Umbria), Otium 3, 2017, 1–40 <http://www.otium.unipg.it/otium/article/view/39> (last access 27th September 2019)

Martelli 1996

M. Martelli, Bronzi ciprioti dall'Etruria, in: Studi in memoria di Lucia Guerrini. Vicino Oriente, Egeo, Grecia, Roma e mondo romano, tradizione dell'antico e collezionismo di antichità (Roma 1996) 47–60.

Mascelli 2012

V. Mascelli, I graffioni etruschi, in AttiMemFirenze 77, 2012, 167–234.

Mascelli 2014–2015

V. Mascelli, Un parasole in osso dalla Tomba Milani C da Narce al Museo Archeologico Nazionale di Firenze, AttiMemFirenze 79–80, 2014–2015, 247–257.

Mavleev 1990

E. Mavleev, Statuetta di uomo-cigno, in: F. Roncalli (ed.), Gens antiquissima Italiae. Antichità dall'Umbria a Leningrado. Catalogo della mostra Leningrado (Perugia 1990) 405–407, no. 8.4.

Michetti 2020

L.M. Michetti, Cinque lucerne fenicie dal Quartiere "pubblico-cerimoniale" di Pyrgi, in: M. Guirguis – S. Muscuso – R. Pla Orquín (eds.),Cartagine, il Mediterraneo centro-occidentale e la Sardegna. Società, economia e cultura materiale tra Fenici e autoctoni. Studi in onore di Piero Bartoloni (Sassari 2020) 105–119.

Mitten – Doeringer 1967

D.G.Mitten – S.F. Doehringer, Master Bronzes from the Classical World (Cambridge Mass.1967).

Nardelli 2010

S. Nardelli, Le necropoli di Perugia, 2. La necropoli di Monteluce (Città di Castello 2010).

Naso 2009

A. Naso, Un thymiaterion etrusco a Didima?, in: S. Bruni (ed.), Etruria e Italia preromana. Studi in onore di Giovannangelo Camporeale (Pisa 2009) 639–645.

Nati 2008

D. Nati, Le necropoli di Perugia (Città di Castello 2008).

Pavolini 1982

C. Pavolini, Ambiente e illuminazione. Grecia e Italia fra il VII e il III secolo a.C., Opus 1, 1982, 291–313.

Rastrelli 1993a

A. Rastrelli, Scavi e scoperte nel territorio di Chianciano Terme. L'edificio sacro dei Fucoli, in: La civiltà di Chiusi e del suo territorio. Atti del XVII Convegno di studi etruschi ed italici, Chianciano Terme 28 maggio – 1 giugno 1989 (Firenze 1993) 463–476.

Rastrelli 1993b

A. Rastrelli, La decorazione fittile dell'edificio sacro in località i Fucoli presso Chianciano Terme, in Ostraka 2, 1993, 351–367.

Rizzo 1990

M.A. Rizzo (ed.), Le anfore da trasporto e il commercio etrusco arcaico (Roma 1990).

Romualdi 1985a

A. Romualdi, Lucerna da minatore, in: G. Camporeale (ed.), L'Etruria mineraria. Catalogo della mostra Portoferraio, Massa Marittima, Populonia 1985 (Milano 1985) 46, no. 2.

Romualdi 1985b

A. Romualdi, Lucerna fenicia con piattino, in: G. Camporeale (ed.), L'Etruria mineraria. Catalogo della mostra Portoferraio, Massa Marittima, Populonia 1985 (Milano 1985) 66, no. 144.

Roncalli 1973

F. Roncalli, Il Marte di Todi: bronzistica etrusca ed ispirazione classica, MemPontAcc 11.2 (Città del Vaticano 1973).

Rosenthal – Heginbottom 1988

R. Rosenthal – Heginbottom, Greek Classical lamps and their Imitations in the Eastern Mediter ranean. Questions of Chronology, in: Πρακτικά του XII Διεθνούς Συνεδρίου Κλασικής Αρχαιολογίας, Αθήνα 1983, 3 (Αθήνα 1988) 297–303.

Sannibale 2018 (2019)

M. Sannibale, Il crescente lunare con dedica a Tiur già collezione Borgia (CII 2610 BIS), StEtr 81 (2018)[2019] 253–264.

Scheibler 1976

I. Scheibler, Griechische Lampen. Kerameikos. Ergebnisse der Ausgrabungen, 11 (Berlin 1976).

Sciacca 2000

F. Sciacca, Lucerna bilicne, in: G. Bartoloni – F. Delpino (eds.), Principi etruschi tra Mediterraneo ed Europa. Catalogo della mostra Bologna (Venezia 2000) 216, no. 243.

Serra Ridgway 1996

F.R. Serra Ridgway, I corredi del fondo Scataglini a Tarquinia. Scavi della Fondazione Ing. Carlo M. Lerici del Politecnico di Milano per la Soprintendenza archeologica dell'SEtruria meridionale (Milano 1996).

Simon 1984

E. Simon, Le divinità di culto, in: Cristofani 1984, 159–168.

Szilágy 1998

J.G. Szilágy, Ceramica etrusco-corinzia figurata, 2. 590/580–550 a.C. (Firenze 1998).

Testa 1983

A. Testa, Considerazioni sull'uso del candelabro in Etruria nel V e IV sec., MEFRA 95, 1983, 599–616.

Testa 1989

A. Testa, Candelabri e thymiateria. Monumenti musei e gallerie pontificie. Museo Gregoriano Etrusco. Cataloghi, 2 (Roma 1989).

van der Meer 2014

L.B. van der Meer, The Etruscan Bronze Lamp of Cortona, its Cosmic Program and its Attached Inscription, Latomus 73, 2014, 289–302.

Wikander 1983

Ö. Wikander, Two Etruscan Thymiateria in the von Beskow Collection, MedelhavsMusB 18, 1983, 45–67.

Zaccagnino 1998
C. Zaccagnino, Il thymiaterion nel mondo greco. Analisi delle fonti, tipologia, impieghi, Studia Archaeologica 97 (Roma 1998).
Zimmer 1995
G. Zimmer, Corpus Speculorum Etruscorum. Bundesrepublik Deutschland 4 (München 1995).

Unity in Diversity. The Variety of Oil Lamps Found in Different Areas of the City of Nea Paphos, Cyprus

Małgorzata Kajzer

Abstract

Oil lamps provide knowledge about people, culture, and the organization of space. They are also an indicator of exchange between different regions as a part of traded pottery objects. The case study concerns Hellenistic and Roman lamps found in Nea Paphos, the ancient capital of Cyprus. 112 objects from different parts of the city – including the *agora*, the residential area and the theatre – have been analysed. They belong to different types and fabrics, previously distinguished by a macroscopic study. The differences and similarities between the sites will be discussed to show the distinction between the objects coming from urban spaces with different functions. Moreover, the problem of local and imported specimens will be taken into account to illustrate the potential role of oil lamps in ancient economy. The presence of Athenian, Rhodian, Levantine, Knidian or Ephesian production identified among the lamps from Nea Paphos is a good evidence for the importance of these production centres throughout Antiquity.

Introduction

The aim of this paper is to present the preliminary results of the project conducted on a group of lamps from Nea Paphos, the Hellenistic-Roman capital of Cyprus.[1] The finds come from different parts of the city, which is located on the southwestern coast of the island. Its role during the Hellenistic and Roman periods was quite important, due to the fact that this harbour city, established at the end of 4th century BC[2] or beginning of 3rd century BC,[3] functioned as the administrative and representative centre in Cyprus. It was the headquarters of the authorities, firstly Ptolemaic, and subsequently the Roman governor and proconsul. Its geographical location, at the crossroads of Mediterranean trade routes, made the city experience a great variability in terms of different aspects, including material culture. Despite the fact that the Hellenistic and Roman periods have not been very well investigated, the knowledge gained so far indicates contact with both the eastern and western parts of the Roman Empire. Important information on this topic comes from studies on amphoras, kitchen and table wares,[4] as well from some already published oil lamps.[5]

Scope of study

The project "Enlightenment in Ancient Times. Research on Hellenistic and Roman terracotta oil lamps from Nea Paphos, Cyprus"[6] started in 2016. Its main objective was to collect as many lamps as possible, and to study them by different and multidisciplinary methods. Most of the lamps included in the present research come from sites located in the protected area of Kato Paphos Archaeological Park (fig. 1). The first site is represented by the so-called Sanctuary of Apollo at Toumballos. This *hypogeum* in the northern part of the Archaeological Park was excavated by an Italian mission conducted by F. Giudice from the University of Catania since 1988.[7] The second area is the so-called Fabrika hill with some residential remains, which was excavated by the French mission from Avignon directed by C. Balandier since 2008.[8] The third one is the Hellenistic-Roman theatre adjacent to the slope of Fabrika hill, excavated by the University of Sydney since 1995, currently under the supervision of C. Barker.[9] Additionally, finds from four tombs located outside the Archaeological Park (area of Ktima) were included in the study thanks to cooperation with S. Raptou, archaeological officer from the Department of Antiquities in Cyprus.

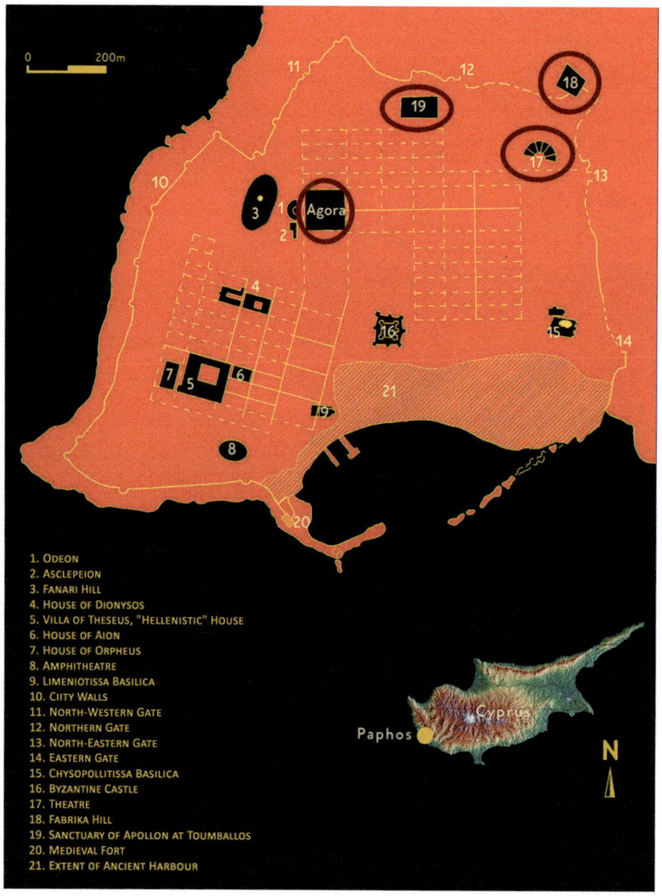

Fig. 1: Location of Paphos on a map of Cyprus and the ancient city plan of Nea Paphos.

The main core of the project, however, consists of materials yielded by the excavations in the area next to the ancient *odeion* used as the agora. It has been explored since 2011 by a mission from the Jagiellonian University in Krakow, conducted by E. Papuci-Władyka, under the license of the Department of Antiquities in Cyprus.[10] These finds have a high scientific value, as they have been carefully collected from the very beginning of the project (every single bucket of soil was sieved).

The total amount analysed is around 1800 pieces, which come from the previously mentioned sites. Further information comes from some published materials of the residential area called Maloutena,[11] and from unpublished lamps of the House of Dionysos and the House of Orphaeus,[12] used as reference assemblages. Additionally, the comparative studies were conducted on the lamps from the Cesnola Collection, acquired in Cyprus in the 19th century and stored in the Metropolitan Museum of Art in New York.[13]

The project focuses on different research aspects. The first aim is the identification and characterization of local (or regional) oil lamps found in the areas above-mentioned above. Their characterization is based on fabric features, combined with typological, iconographical and technological indicators of Cypriot production. Secondly, it tests the hypothesis concerning the presence of objects traded from a long distance in the area of Nea Paphos. Non-Cypriot oil lamps are defined on the basis of similar description as Cypriot ones, and potential places of production are indicated after comparison with published analogies. Moreover, the similarities and dissimilarities between different sites in terms of lamps finds are characterized.

Methodology

An important aspect of the research was its multi-level methodology. The first step was the macroscopic analysis, conducted to get information concerning particular types represented by each lamp, its chronology, decorative motif and, last but not least, its fabric. The fabric is determined on the basis of similar clay features such as colour, shape and size of inclusions, voids, hardness, the feel of the surface and surface treatment, the feel of the fresh break and colour, defined by using the Munsell Soil Colour charts from 2009. Proper terms used for description were taken from Orton's 'Pottery in Archaeology'[14] and slightly modified.[15] On the basis of macroscopic analysis, lamps were first divided into macroscopic groups (MGs). They are usually consistent with chrono-typological divisions and decorations. As a result, the macroscopic group may be interpreted as a group of products corresponding to specific types, which were manufactured by contemporary workshops in the same area. The artisans used similar fabrics and decorations. The comparative study, using published lamps from different sites and collections, allowed us to propose a provenance for each macroscopic group. The next step was sampling for an archaeometric study.[16] Even if several macroscopic groups were distinguished, only the most representative were selected for analysis.

Fig. 2: Handle of a Roman lamp intended to be pierced (from Theatre, no. 2401).

They include 64 samples from 11 groups from the agora. Most of them are dated to the Hellenistic period and only two belong to the early Roman production. The selection depended on financial limits, as well as on the dimensions of the groups and fragments themselves. Some imported groups and some of unidentified provenance were too small to be sampled and then get representative results. They were omitted together with examples of non-defined provenance or fragments too small and light to be sampled.[17] At this stage of research, four groups have been suggested as Cypriot and seven imported. Table 1 shows the list of the analysed groups, number of samples, chronology, type and suggested provenance.[18]

The samples were subsequently investigated using wave dispersive X-ray fluorescence at the Fitch Laboratory at the British School at Athens. A few samples per group (around four to nine) were taken to create objectively reliable sampling groups. As oil lamps mainly represent the so-called fine wares, the chemical method was the best solution to apply. Additionally, other groups of pottery found in Nea Paphos were investigated so far by using the same method[19] in the Fitch Laboratory, so a reference database is also available and reliable. After the results of WD-XRF, the most problematic samples were investigated further by thin-section petrography and Scanning Electron Microscope analysis.

In the final stage, the results of the macroscopic analyses and proposed provenance were verified by using the results of laboratory methods. As the archaeometric analysis was conducted only on the lamps from the agora, the material from other sites was investigated macroscopically and matched to the groups by comparative study.

Preliminary Results and Discussion

The first results of the macroscopic research are very promising. It has been possible to define the local (or regional?) production of Nea Paphos, which still today is not evidenced by archaeological remains.[20] No workshops producing oil lamps or other

Fig. 3: Early Roman lamp with a depiction of a Siren (from Agora, no. PAP17/II/1624/L2).

fine wares have been identified in Cyprus so far. The only doubtful and isolated case is a Roman structure interpreted as a lamp kiln, which lies in the area of the city of Marion-Arsinoe, to the north of Nea Paphos.[21] Moreover, the local/regional provenance of some groups could also be confirmed by the fact that specific shapes and features frequently occur at all sites. Other evidence for production are moulds[22] and some technological features, such as traces of tools on handles intended to be pierced (fig. 2). Fabric similarities among the groups identified as Cypriot suggest a continuous use of the same clay sources throughout antiquity, even if this remains to be confirmed by archaeometric analysis. There is also a high homogeneity in terms of the decoration observed among objects interpreted as local, especially in the early Roman period (Macroscopic Group XI). It seems that a specific repertoire of ornaments and depictions were used. A typical feature for lamps from the 1st century AD is a single central motif depicted on a discus, usually with popular animal or floral motifs such as birds, rosettes with different number of petals, or wreaths. Among figural scenes, the Siren (fig. 3), Silenus' mask, and Eros were identified. All these motifs are known from lamps found all over the island or even beyond, so they cannot be connected with Paphos only. But, together with other features, such as fabric and type, they create specific products that seem to be typical for the city/region. These are lamps dated between the mid-1st and mid-2nd century AD, with rounded bodies that are usually unslipped and with a simple series of ovules on the shoulder (fig. 4).

Aside from the local/regional products, the high presence of non-Cypriot lamps has to be underlined. The significant number of imported objects suggests that at least for some periods, lamps were traded. Moreover, the changes in the composition of imports and trade directions can be observed in time. Statistical analysis is planned to complete the view of the lamps' distribution and to verify the hypothesis concerning the lamp

Fig. 4: Early Roman lamp with ovules on shoulders (from Agora, no. PAP17/II/1520/L1).

trade, and to show exact number of lamps representing particular macroscopic groups. Any potential differences between assemblages found in different areas of the ancient city will be investigated in respect to the function of the area in which they have been found: for example, we may expect more imported objects from the agora contexts. As far as the distribution of the groups and other potteries, in general, a great variety of objects from daily life can be observed in the whole area of the city.[23]

Despite the important results achieved until now, some problems have to be considered and discussed. First of all, there is a high macroscopic similarity between Cypriot materials and those defined as Cilician or Syrian. It was already mentioned by J. Hayes in his catalogue of lamps in the Royal Ontario Museum: "The thin Cilician fabric of Roman Imperial times approximates to that of Cypriot lamps";[24] "A fair number of Cypriot-style lamps of the 1st century AD have been found in Syria and the neighbouring regions and the question of a Cypriot or mainland origin naturally arises. If such lamps were made in both areas, there is no clearly visible difference in fabric among them".[25] Examples of Cypriot early Roman lamps clearly show that the form of the lamps and iconography itself are not very helpful when establishing the place of production, as we know examples of the same forms and motifs from all over the Mediterranean. Moreover, the same decoration can be used for different types, so it is also a poor chronological indicator. Macroscopic fabric analysis can be a better indicator of the provenance. However, it should be conducted by a researcher on the excavated material itself, and completed with laboratory methods. The latter demands good recognition of the chemical composition of objects and the raw materials from different geographical regions. Fortunately, more and more pottery is being investigated by archaeometry nowadays, so the reference database is getting better.

For now, the best solution is the implementation of an integrated methodology to gain various data, which are helpful to obtain as reliable a result as possible. Such integration helps to define the specific combination of different features (fabric, form, decoration) that reflects the manufacturing process and can result in the identification of a particular workshop. It is suggested in the case of Macroscopic Group XI (compare above) and will be confirmed hopefully by the results of archaeometric analysis.

Another problem is that the materials come from sites excavated with different methods, which makes it difficult to compare the samples in terms of number. A possible solution could be therefore a comparative analysis carried out for intact objects only (complete lamps are difficult to be missed even during excavations without sieving). In this perspective, a comparative statistical analysis will be done to reveal potential dissimilarities among assemblages from different parts of the city.

No. of Macroscopic Group	Amount of analysed samples	Chronology*	Type	Suggested provenance
Macroscopic Group I	9	$4^{th}/3^{rd}$ c. BC	saucer lamps	"Cypriot"
Macroscopic Group II	4	3rd c. BC	watch-shaped	"Attic"
Macroscopic Group III	5	end of 3rd – 2nd c. BC	watch-shaped	"Rhodian"
Macroscopic Group IV	7	3rd – 2nd c. B.C.	watch-shaped	"Cypriot"
Macroscopic Group V	4	3rd – mid-2nd c. BC	watch-shaped	"Cypriot?/ Levantine?"
Macroscopic Group VI	6	mid-2nd – mid-1st c. BC	mould-made	"Phoenician"
Macroscopic Group VII	7	mid-2nd – mid-1st c. BC	mould-made	"Knidian"
Macroscopic Group VIII	5	mid-2nd – mid-1st c. BC	mould-made	"Ephesian"
Macroscopic Group IX	6	mid-2nd – mid-1st c. BC	mould-made	"Cypriot"
Macroscopic Group X	5	1st c. AD	volute lamps	"Levantine"
Macroscopic Group XI	6	1st c. AD	volute lamps	"Cypriot"

Tab. 1: Macroscopic Groups selected for WD-XRF analysis.
* Proposed chronology based on analogical finds from different areas of Mediterranean and finds from Paphos.

Conclusion

Thanks to the first results we can point out that there is a variety of lamps around the whole area of Nea Paphos. For now, local lamps seem to predominate, even if a significant number of lamps seem to be imported. The samples taken from the agora finds were used to confirm their non-local provenance and to define a particular place of production. The analysis is still in progress and the further steps are planned. The statistical analysis will be implemented especially on the precisely collected finds from the agora, in order to get a more relevant picture of the lamps' distribution. Despite difficulties and a lot of work still missing, the integrated approach to studying oil lamps will hopefully give further good results and open new perspectives on these objects.

Notes

[1] Lund 2015, 20.

[2] Maier – Karageorghis 1984, 224; Młynarczyk 1990, 67.

[3] Bekker – Nielsen 2000.

[4] Papuci – Władyka 2020.

[5] Młynarczyk 1987; Młynarczyk 1992; Młynarczyk 1995, 207; Młynarczyk 1998.

[6] The project is financed by the National Science Centre, Poland, grant PRELUDIUM 10, no. 2015/19/N/HS3/01810.

[7] Giudice 2009; Giudice 2012.

[8] Balandier 2012, 201.

[9] Barker 2016.

[10] The project is financed by the National Science Centre, Poland, grant MAESTRO 6 no. 2014/14/A/HS3/00283.

[11] The material was studied thanks to the courtesy of Dr. H. Meyza and Prof. J. Młynarczyk in March 2015.

[12] The material was studied thanks to the courtesy of Prof. D. Michaelides and the director of the Department of Antiquities, Dr. M. Solomidou-Ieronymidou in June and September 2018.

[13] The material was studied in June 2017, thanks to the courtesy of Ch. Lightfoot, Curator of the Greek and Roman Art Department in the MET Museum and with financial support from the Faculty of History of the Jagiellonian University in Krakow.

[14] Orton – Hughes 2013.

[15] These modifications were made by E. Marzec, M. Kajzer and K. Nocoń for the purpose of the publication of pottery from the Paphos Agora Project, Papuci – Władyka 2020.

[16] This part of research is especially important, as only several lamps from Cyprus were analyzed by laboratory analysis so far; compare Daszkiewicz – Raabe 1995; Oziol 1995; sampling was possible thanks to the Department of Antiquities, Cyprus that issued proper permission.

[17] It was necessary to take around 5-6 g of each sample.

[18] The table gives only general information that comes from macroscopic studies. As laboratory analysis is in progress, detailed description was reserved for the final project publication with integrated results.

[19] Marzec 2017; Marzec et al. 2018.

[20] See also Młynarczyk 1978; Młynarczyk 1992; Młynarczyk 1995; Młynarczyk 1998.

[21] Najbjerg 2012, 244 f.

[22] Few moulds were found during the research among the lamps from theater and Toumballos (one of them is published, see Bussière – Malfitana 2009). However they are dated to the late Roman times. Unfortunately, the author did not study two late Hellenistic moulds known from the House of Dionysus (see Nicolaou 1972, 315).

[23] Papuci – Władyka 2020.

[24] Hayes 1980, 72.

[25] Hayes 1980, 75.

Image Credits

Fig. 1: Based on J. Młynarczyk's research (1990) with modifications by the Paphos Agora Project. – Figs. 2–4: © Paphos Agora Project.

References

Balandier 2012

C. Balandier, Du nouveau sur la capitale hellénistique et romaine de Chypre: premiers résultats de la Mission archéologique française à Paphos (2008–2012), DialHistAnc 38, 2012, 151–206.

Balandier 2016a

C. Balandier, Fabrika, un quartier résidentiel à Paphos? Résultats archéologiques et réflexion historique sur l'évolution urbaine du secteur Nord-Est de la villa antique, in: Balandier 2016b, 121–144.

Balandier 2016b

C. Balandier (ed.), Nea Paphos. Fondation et développement urbanistique d'une ville chypriote de l'antiquité à nos jours. Études archéologiques, historiques et patrimoniales, Actes du Ier colloque international sur Paphos, Avignon 30, 31 Octobre et 1er Novembre 2012 (Bordeaux 2016).

Barker 2016

C. Barker, The Theatre Precinct of Nea Paphos (Fabrika): Recent Excavations by the Australian Mission, in: Balandier 2016b, 91–104.

Bekker-Nielsen 2000

T. Bekker-Nielsen, The Foundation of Nea Paphos, in: S. Isager – I. Nielsen (eds.), Proceedings of the Danish Institute at Athens vol. III (Athens 2000) 195–207.

Bussière – Malfitana 2009

J. Bussière – D. Malfitana, Recherche de paternité à propos d'un moule de Chypre, Instrumentum Bulletin du Groupe de travail européen sur l'artisanat et les productions manufacturées dans l'Antiquité 30, 2009, 43–46.

Daszkiewicz – Raabe 1995

M. Daszkiewicz – J. Raabe, Alexandria and Nea Paphos: Lamp Producing Centres. A Technological Point of View, in: Meyza – Młynarczyk 1995, 212–231.

Giudice 2009

F. Giudice, The Excavations of the Italian Archaeological Mission in the "Garrison's Camp" of Nea Paphos (Cyprus). Achievements and Perspectives, in: Ç. Aygün (ed.), SOMA 2007. Proceedings of the XI Symposium on Mediterranean Archaeology, Istanbul Technical University, 24–27 April 2007, BAR 1900 (Oxford 2009) 142–144.

Giudice 2012

F. Giudice, Paphos, Garrison's Camp, XIa Campagna (1998), RDAC 2012, 437–495.

Hayes 1980

J. Hayes, Ancient Lamps in the Royal Ontario Museum 1: Greek and Roman Clay Lamps (Toronto 1980).

Lund 2015

J. Lund, A Study of the Circulation of Ceramics in Cyprus from the 3rd Century BC to the 3rd Century AD, Gosta Enbom Monographs 5 (Aarhus 2015).

Maier – Karageorghis 1984

F.G. Maier – V. Karageorghis, Paphos: History and Archaeology (Nicosia 1984).

Marzec 2017

E. Marzec, Provenance and Technology of Colour-coated Ware Pottery from Nea Paphos on Cyprus (from the late 4th to the 1st century BCE) (Ph.D. Diss. Jagiellonian University, Krakow 2017).

Marzec et al. 2018

E. Marzec – E. Kiriatzi – N. Müller – A. Hein, The Provenance and Technology of a Group of Hellenistic Colour-coated Ware Pottery from the Excavations at Nea Paphos on Cyprus, JASc Reports 21, 2018, 1035–1043.

Meyza – Młynarczyk 1995

H. Meyza – J. Młynarczyk (eds.), Hellenistic and Roman Pottery in the Eastern Mediterranean - Advances in Scientific Studies. Acts of the II Nieborów Pottery Workshop (Warsaw 1995).

Młynarczyk 1978

J. Młynarczyk, Hellenistic Terracotta Lamps from Nea Paphos, RDAC 1978, 235–253.

Młynarczyk 1990

J. Młynarczyk, Nea Paphos III. Nea Paphos in the Hellenistic Period (Warsaw 1990).

Młynarczyk 1992

J. Młynarczyk, Fourth Century AD. Terracotta Lamps from Nea Paphos, in: P. Åström (ed.), Acta Cypria. Acts of an International Congress on Cypriote Archaeology held in Göteborg on 22–24 August 1991 (Uppsala 1992) 255–271.

Młynarczyk 1995
J. Młynarczyk, Alexandria and Paphos: Lamp Producing Centres, in: Meyza – Młynarczyk 1995, 203–239.

Młynarczyk 1998
J. Młynarczyk, Lampki terakotowe z polskich wykopalisk w Nea Pafos, in: W. Daszewski – H. Meyza (eds.), Cypr w badaniach polskich (Warsaw 1998) 51–66.

Najbjerg 2012
T. Najbjerg, The City of Arsinoe in the Hellenistic and Roman Periods, in: W.A. Childs, City of Gold. The Archaeology of Polis Chrysochous, Cyprus (Princeton 2012) 244–245.

Nicolaou 1972
K. Nicolaou, Archaeological News from Cyprus 1970, AJA 76, 1972, 311–320.

Orton – Hughes 2013
C. Orton – M. Hughes, Pottery in Archaeology 2(Cambridge 2013).

Oziol 1995
T. Oziol, Kition et Salamine: Les Lampes hellénistiques, in: Meyza – Młynarczyk 1995, 239–246.

Papuci – Władyka 2020
E. Papuci – E. Władyka (eds.), Paphos Agorà 1. The Results of the Jagiellonian University Interdisciplinary Research in Nea Paphos (2011–2015) (Krakow 2020).

Gli scavi di Arles-Rhône-3, le lucerne e l'archeologia di fronte alla *doxa* mediatica

Laurent Chrzanovski

Abstract

Waiting for the forthcoming publication of the lamps from the excavations of Arles-Rhône 3, this paper underlines the relevance of these finds for lychnological studies about the Mediterranean area in the early imperial period. It also reflects the impact of the excavation itself on the archaeologists' *modus vivendi* in the Roman provinces.

Molto vicini ormai alla pubblicazione del nostro studio esaustivo dedicato all'insieme del *corpus* delle lucerne rinvenute durante le campagne di scavi di Arles-Rhône 3, desideriamo in questa sede sottolineare brevemente l'importanza nel contesto della licnologia mediterranea di alta epoca imperiale romana, ed *in primis* l'impatto dello scavo stesso sul "modus vivendi" degli archeologi delle province romane.

Lo scavo ed il suo impatto sul *modus operandi* dell'archeologia romana contemporanea

Le campagne di scavo di Arles-Rhône 3 sono agli antipodi della più consueta realtà delle missioni archeologiche (fig. 1). Sono una vera e propria 'anomalia' che tende al miracolo in un mondo di ricerche sul terreno che sono divise tra scavi d'emergenza e scavi pluriennali in siti di grande prestigio, il tutto sottoposto a drastiche riduzioni dei finanziamenti, vitali soprattutto nella fase di studio consecutiva ai lavori di scavo *stricto sensu.*

Ad Arles ci troviamo in effetti in una congiuntura che potremmo definire senza ironia alcuna l'evidenziazione della grama realtà della percezione e, quindi, dell'affezione politica e governativa verso la nostra professione. Contrariamente a quanto avviene di solito, gli scavi di Arles-Rhône 3 sono stati il frutto di una vera e propria priorità per lo Stato francese a tutti i livelli, dal vertice dell'Eliseo sino alla città di Arles, implicando tutte le istituzioni statali, regionali e provinciali poste tra questi due estremi.

Lo 'choc' psicologico avvenne nel 2007, quando l'archeologo subacqueo Luc Long – che aveva già evidenziato nel Rodano più di 30 relitti pertinenti all'attività portuaria di Arelate – emerse dai fondi del grande fiume tenendo nelle sue mani un 'capolavoro' statuario (fig. 2). Nel giro di un mese, immagini, articoli, trasmissioni televisive e radiofoniche sul busto di 'Giulio Cesare' fecero il giro del mondo, vantando una mediatizzazione oggi studiata da specialisti di settore, e stimata in ben 98 lingue

Fig. 1: Arles, Musée départemental Arles Antique. Il relitto Arles-Rhône 3.

per circa mezzo milione di rinvii individuali sui motori di ricerca della rete nei primi mesi consecutivi alla scoperta. Nell'obbligatoria *doxa* odierna che esige una risposta politica immediata ad ogni movimento di amplificazione in rete, il Governo reagì con rapidissima tempistica promettendo di assecondare la scoperta, diventata *buzz* mondiale, con ricerche di grandi dimensioni ad Arles.

E qui subentra tutta l'intelligenza e la diplomazia della direzione e degli archeologi del Museo di Arles. Consci del *digital time shortage* (ovvero il restringimento drammatico del tempo di azione-reazione nel mondo del 4.0), non hanno lasciato raffreddare la *benevolentia* creatasi, e hanno subito proposto l'impensabile: lo scavo completo e la conseguente estrazione dal Rodano di una delle navi fluviali meglio conservate tra quelle già individuate e l'apposita creazione di una nuova ala del Museo per ospitarla, nonché la garanzia di fondi sufficienti per tutte le operazioni necessarie, soprattutto per i decenni di studio necessari alla pubblicazione del materiale rinvenuto, ben consapevoli che non si trattava dello studio della nave in sé, bensì dell'intero immondezzaio portuale che la ricopriva e che – se fosse stato presentato come tale – a livello politico non avrebbe suscitato, al meglio, che un rifiuto educato con tanto di spiegazioni edulcorate.

Nel frattempo, dal 2008 al 2010, ad ogni campagna di scavo, visite quotidiane erano organizzate dagli archeologi per il pubblico e la stampa locale, assicurando una visibilità del progetto in corso, un esercizio che viene ormai dato da vari specialisti come esempio di buone pratiche da seguire per quanto riguarda il coinvolgimento capillare ed una conseguente appropriazione da parte dei cittadini di un patrimonio in corso di ricerca.[1] Nel 2011 si fece una grande mostra sui più bei reperti scoperti sottacqua[2] ed infine, nel 2013, la nuova ala del museo creata ad hoc per ospitarlo venne inaugurata, precedendo

Fig. 2: Arles, Musée départemental Arles Antique. Busto-ritratto di 'Cesare'.

di solo pochi mesi la monografia sul relitto propriamente detto;[3] last but not least, un esemplare volume illustrato di promozione dell'interdisciplinarità necessaria a svolgere la ricerca durante e dopo lo scavo è stato edito nel gennaio 2018,[4] spiegando al pubblico con adeguati apparati il lavoro di ognuno degli oltre 50 specialisti di settori disciplinari diversi. L'ideazione del volume e la sua impaginazione, contrariamente alle attese, hanno fatto sì che sia diventato un successo editoriale persino nelle librerie non specializzate.

Tutti gli Enti pubblici e privati coinvolti nel finanziamento plurimilionario dell'operazione hanno valutato un pieno successo l'investimento in materia di ritorno d'immagine. Basti peraltro ricordare che in visita in Francia nel 2009, il presidente cinese Xi Jinping fece appositamente il viaggio da Parigi ad Arles per rimanere una quindicina di minuti ad osservare il busto di 'Cesare' appena esposto in una mostra monografica[5], un evento di diplomazia pubblica che non ha prezzo.

I risultati dello scavo: un gigantesco insieme di materiali datati tra il 70 ed il 120 d.C.

Come accennato sopra, non solo il relitto Arles-Rhône 3 è stato oggetto di studi esaustivi, bensì tutto il contesto nel quale giaceva, ovvero più di 1400 metri cubi di sedimenti fluviali (fig. 3). Scientificamente sono proprio questi ultimi ad essersi rivelati la sorpresa più grande: il museo stima già a più di 30 le monografie tematiche dedicate a ciascuna delle categorie di materiali di epoca romana rinvenuti.

Per riassumere: ad eccezione di un piccolo strato di fondo, con scarsi reperti di epoca repubblicana, il relitto è stato totalmente inglobato in un solidissimo strato di limo che ha salvaguardato tutto quanto è stato gettato nel Rodano dai lavoratori del porto al tempo del

Fig. 3: Rilievo stratigrafico e particolare fotografico del deposito contestuale al relitto Arles-Rhône 3.

naufragio e per i 50 anni successivi. Una cronologia così ben definita è stata resa possibile sia dalla datazione precisa del relitto stesso, *terminus post quem*, sia dalla datazione di materiali, tra i quali le lucerne e le monete, che ne fissano il *terminus ante quem*.

La corta durata di vita di questo enorme immondezzaio si spiega col fatto che il naufragio avvenne nel punto più meridionale del porto nel periodo della sua massima estensione. In effetti, gli immondezzai portuali scavati sinora tramite saggi, che hanno restituito materiali datati dopo il 120 d.C., iniziano a ca. 300 metri più a Nord e vanno a coprire tutta la sponda del Rodano che si affaccia sulla città *intra muros*, mentre la zona del nostro scavo venne abbandonata (fig. 4). L'esempio più evidente, a livello licnologico, è certamente il relitto *Arles-Rhône 14* e la porzione di riva lungo la quale è stato rinvenuto, dai quali provengono lucerne con marche delle grandi manifatture africane create verso il 120 d.C., cioè MNOVIVST, CIVNDRAC, CIVNALEX, proprio le firme che sono totalmente assenti dal nostro *corpus*.

La ricchezza dei materiali pertinenti a quello che chiameremmo oggi un 'nodo di trasporto multimodale', permettendo il transito delle merci dal Mediterraneo al Rodano (e poi alle province renane) ed alle vie terrestri che collegano Arles con tutta la Francia meridionale – e viceversa – ha quindi permesso di avere un'istantanea sia sulle merci

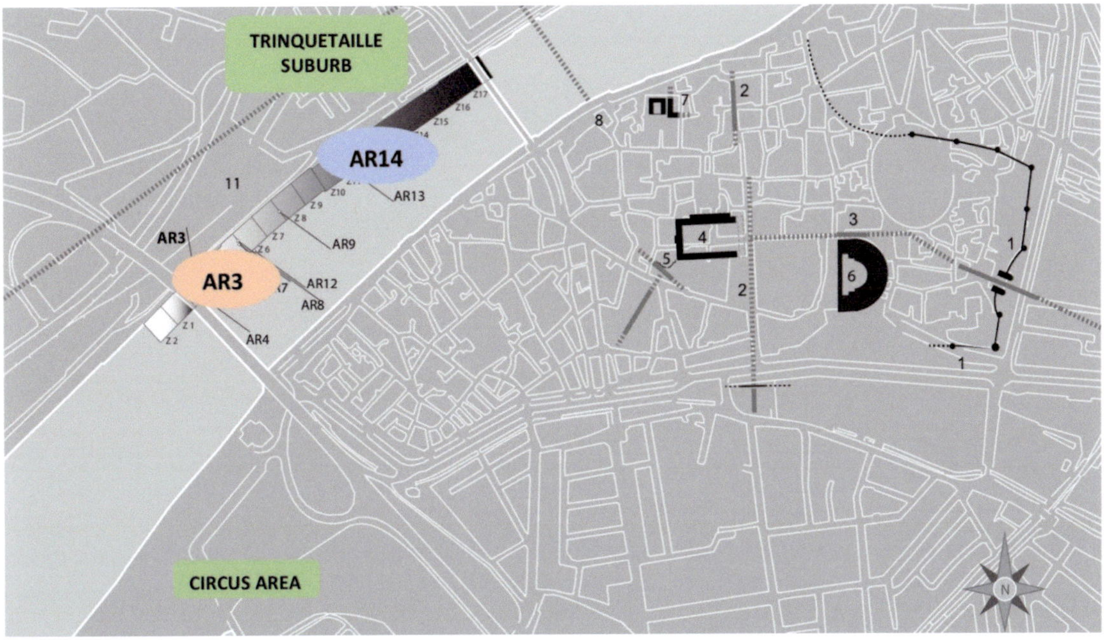

Fig. 4: Rilievo planimetrico dei depositi relativi ai relitti Arles-Rhône 3 e Arles-Rhône 14.

importate da tutto il Mediterraneo, ma anche da Lione e dall'entroterra locale, sia sulle interazioni, entro le varie categorie di *instrumentum*, tra i pezzi prodotti a migliaia di chilometri e quelli di fattura macro- e micro-regionale.

L'esempio delle lucerne

Su oltre 7500 pezzi interi o frammentari, più di 3500 hanno permesso di trarre informazioni, e 1500 saranno oggetto della monografia di prossima pubblicazione.

In questa sede, offriamo una sintesi dei risultati conseguiti dallo studio:

a) Provenienze certe: +500 Gallia centro-meridionale; +150 Italia Centrale; +150 Africa; +40 Italia settentrionale, +40 area campana; +15 Egeo; +15 Asia Minore; pezzi rari: Pergamo, Alessandria, Sidone, Corinto.

b) Tipologie: 674 frammenti di disco leggibili e 48 marchi diversi leggibili; lucerne intere: 79 Loeschcke I B/C; 28 Loeschcke III; 147 Loeschcke IV; 39 Loeschcke V; 88 Loeschcke VIII; 48 *Firmalampen*; 1 *Vogelkopflampe* imperiale e 91 lucerne attribuibili a tipologie micro-regionali. L'interesse specifico in quest'ambito è che nessuna unità stratigrafica è tipologicamente 'pura' e tutte senza eccezione esaltano la convivenza, nel quadro cronologico menzionato, delle 'antiche' Loeschcke I e delle "nuove" Loeschcke VIII, le Loeschcke IV essendo onnipresenti. Questo viene a confermare i divari cronologici tra le datazioni canoniche proposte da Bailey per le manifatture italiane e il perdurare in altre province di tipologie ormai estinte nella penisola.

Fig. 5: Arles, Musée départemental Arles Antique. Campionatura di motivi figurativi delle lucerne.

c) Iconografia: questo punto è certamente quello che ci ha riservato la più grande soddisfazione, potendo da solo essere considerato come un *case study*. Nel *corpus* abbiamo evidenziato ben 327 motivi decorativi diversi sulle *Bildlampen*, ai quali si aggiungono quelli, statici e tradizionali, delle *Firmalampen* con una piccola figura sul disco. Solo per dare un esempio, questo numero è pari a tutti i motivi (con arco cronologico ben più esteso) conservati nel Museo Archeologico Nazionale di Saint-Germain-en-Laye,[6] oppure a tutti i motivi rinvenuti ad Empurias,[7] a Treviri[8] o noti dall'insieme del territorio svizzero[9] o, per citare la sede di questo congresso, al 150% dei motivi rinvenuti a Colonia[10] (fig. 5).

d) Interazioni: l'iconografia ha permesso anche di constatare le interazioni ed i diversi gusti tra le varie province dell'impero; per fare ciò, abbiamo deciso di concentrarci sulle decorazioni complesse, escludendo quelle semplici (vegetali, geometriche, valva di conchiglia), ovvero 272 motivi diversi sulle 327 totali. Nel nostro *corpus*, Arles si rivela porto e porta del Mediterraneo con ben 42 motivi che non risultano imitati né in Africa, né dai potenti atelier gallici o renani, ai quali vanno associati 19 motivi addizionali, che sono ignorati in Gallia, ma ripresi sia in Africa, sia in Renania. In 98 casi, invece, troviamo decorazioni comuni alla Gallia e all'Africa (39), alla Gallia e alla Renania (42) o a Gallia, Africa e Renania (17). Tipicamente gallici sono infine 66 motivi ispirati o tratti da registri mediterranei e 47 creazioni originali, per un totale di 113 scene prodotte in Francia centro-meridionale.

e) Particolarità della koinè micro-regionale: sono state messe in evidenza 5 tipologie meramente sud-galliche, alcune di loro rarissime (tra le quali un'unica e sinora ignota rappresentata da ben 12 esemplari) e confinate alla zona di Arles, altre, come le Loeschcke V di taglia ridotta – ma non miniaturistica – apprezzate sino a Lione, ma non oltre. Spicca una nettissima differenza tipologica, iconografica e morfologica tra i territori meridionali siti ad Ovest del Rodano ed anche Lione, dove troviamo una grande affinità con quanto rinvenuto ad Arles, e quelli siti ad Est, a cominciare da Nîmes, dove molti motivi e forme documentati sulla riva destra del Rodano sono inesistenti. Infine, anche il caso delle *Firmalampen* ad Arles è particolare, essendo quasi totalmente assenti dalle necropoli, ma presenti massicciamente nei riempimenti sottostanti il circo, edificato al posto di un suburbio produttivo. Nel contesto portuale, le *Firmalampen* costituiscono il gruppo che vanta il maggior numero di tracce di combustione (quasi l'80% di esse sono state usate), confermando per questo tipo un ruolo soprattutto utilitario e ristretto ad ambiti esclusivamente lavorativi. Assenti dal nostro scavo, invece, sono le lucerne dei tipi Loeschcke VI e VII, benché massicciamente prodotte ed usate a Lione.

Conclusioni macro- e micro-regionali

Arles si conferma essere l'apertura mediterranea principale per tutta la Gallia. In effetti, le affinità più importanti riscontrate per le lucerne di fattura italica sono ben distanti: Bordeaux, Vannes (Bretagna), Amiens (Nord), Avenches (Svizzera) e, meno lontani, Lione e Vaison con i vicinissimi siti di Glanum e Fos-sur-Mer. Come ben dimostra il carico del nostro relitto (pietre squadrate di calcare provenienti dal Tricastin, indispensabili alla Provenza in quanto da Arles verso Sud non esistono cave), la corrente del Rodano veniva usata prevalentemente per trasportare carichi pesanti, mentre contro-corrente, trainate da schiavi o da animali, le stesse zattere portavano verso Nord beni più costosi (olio, vino, ceramiche di lusso, spezie etc.).

Per il Museo di Arles, depositario di tutti i materiali rinvenuti sul territorio sin dalla sua creazione, il singolo scavo di Arles-Rhône 3 si è rivelato una miniera licnologica: solo 25 motivi decorativi presenti nelle lucerne del museo non hanno trovato riscontro nel *corpus* dello scavo, mentre quest'ultimo ha arricchito le collezioni museali con ben 137 motivi, 18 marchi, 6 tipologie, senza scordare inoltre 11 stoppini (rispetto ai soli 2 ivi conservati prima), ognuno studiato da esperti.

Per il municipio di Arles, la 'città di Van Gogh' è diventata ormai anche la 'città di Cesare'. Il museo è ora tra le mete più visitate del paese e, dopo l'obbligatoria visita allo spazio dedicato al pittore olandese e all'anfiteatro, i gruppi sono tornati in massa a visitare anche il teatro e la necropoli romana degli Alyscamps: sono bastati un busto, un relitto ed un immondezzaio romano.

Note

Desidero ringraziare i dott. David Djaoui e Sabrina Marlier per il costante impegno ed il prezioso aiuto nella fase di studio e di redazione del corpus delle lucerne Arles-Rhône 3.

[1] De Vivo 2017.

[2] Djaoui et al. 2011.

[3] Marlier 2014.

[4] Marlier 2018.

[5] Long – Picard 2009.

[6] Bémont – Chew 2007.

[7] Casas i Genover – Soler i Fusté 2006.

[8] Goethert-Polaschek 1985.

[9] Leibundgut 1977.

[10] Cahn 2009.

Indice delle figure

Fig. 1–5: © Musée départemental Arles Antique e Laurent Chrzanovski.

Bibliografia

Bémont – Chew 2007

C. Bémont – H. Chew, Musée d'archéologie nationale de Saint-Germain-en- Laye. Lampes en terre cuite antiques (Paris 2007).

Cahn 2009

E.M. Cahn, Die Römischen Bildlampen aus Köln, Kölner Jahrbuch 42, 2009, 7–391.

Casas i Genover – Soler i Fusté 2006

J. Casas i Genover – V. Soler i Fusté, Llànties romanes d'Empúries. Materials augustals i alto-imperials, Monografies emporitanes, 13 (Girona 2006).

De Vivo 2017

C. De Vivo, The Case of the Arles Rhône 3 Project: an Example of Underwater Heritage Communication. Archeostorie. Journal of Public Archaeology 1, 2017, 57–65.

Djaoui et al. 2011

D. Djaoui – S. Greck – S. Marlier (eds.), Arles-Rhône 3, Le naufrage d'un chaland antique dans le Rhône, enquête pluridisciplinaire (Arles 2011).

Goethert-Polaschek 1985

K. Goethert-Polaschek, Katalog der römischen Lampen des Rheinischen Landesmuseums Trier. Bildlampen und Sonderformen, Trierer Grabungen und Forschungen, 15 (Mainz 1985).

Leibundgut 1977
A. Leibundgut, Die römischen Lampen in der Schweiz. Eine kultur- und handelsgeschichtliche Studie (Bern 1977).

Long – Picard 2009
L. Long – P. Picard, César, le Rhône pour mémoire. Vingt ans de fouilles dans le fleuve à Arles (Arles 2009).

Marlier 2014
S. Marlier, Arles-Rhône 3. Un chaland gallo-romain du Ier siècle après Jésus-Christ, Archaeonautica 18 (Paris 2014).

Marlier 2018
S. Marlier, Arles-Rhône 3, du fleuve au musée (Gent 2018).

Illuminare con il vetro in età romana. Forme e contesti d'uso

Barbara Lepri

Abstract

The link between light, space, and glass is based on the interaction of its principal features: strength, refraction, and transparency. Coloured mosaics, panels, and other elements are responsible for tricks of light in *nymphea* and rooms of rich domus. Flat and curved window glass allows for the better use of the natural light and to preserve the heat, especially in thermal structures. Otherwise, other types of glass objects are related to the light: lamps and candlesticks. The present paper will focus on their forms and contexts of use during the 1st to 3rd century AD.

Premessa

Il rapporto tra luce, spazio costruito e vetro si traduce in età romana nell'utilizzo di oggetti in grado di sfruttare la combinazione delle sue principali caratteristiche: resistenza, rifrazione e trasparenza. In particolare esso si concretizza come elemento distintivo in contesti sociali elevati e, seppure con eccezioni, per lo più in ambito privato. Sono, infatti, le colorate e riflettenti superfici dei mosaici, dei pannelli e di altri svariati elementi in vetro a creare giochi di luce nei ninfei e negli ambienti delle dimore più ricche, dove spesso si associano alla decorazione in stucco. Lastre da finestra piane e curve consentono di sfruttare al meglio la luce naturale, mantenendo caldi gli ambienti, in particolare quelli termali;[1] e ancora lucerne, candelabri e lanterne moltiplicano la luce, artificialmente.

Dell'illuminazione artificiale e degli oggetti ad essa connessi intende occuparsi il presente contributo, soffermandosi sulle forme e il loro contesto d'uso. Una prima raccolta di lucerne e candelabri editi si trova alla fine del testo in una tabella (tab. 1), organizzata per tecnica e luogo di rinvenimento/conservazione.

Prima di addentrarsi nell'argomento è necessario premettere e sottolineare come ci si trovi di fronte ad una categoria piuttosto rara, come conferma, tra l'altro, la loro assenza dal fondamentale lavoro di C. Isings "Roman Glass from Dated Finds".[2] Invano, infatti, si cercherà nella sua tipologia un qualche riferimento ad essi prima del periodo tardo antico, quando si diffonde in tutti i territori dell'Impero l'utilizzo di lampade a sospensione e si aprirà un nuovo capitolo nella storia del rapporto tra il vetro e la luce, corrispondente ad un mutato contesto socio-culturale. Il solo riferimento tipologico disponibile, dunque, rimane quello al n. 163 del lavoro di Goethert-Polaschek sui materiali del museo di Treviri (fig. 1.2).[3]

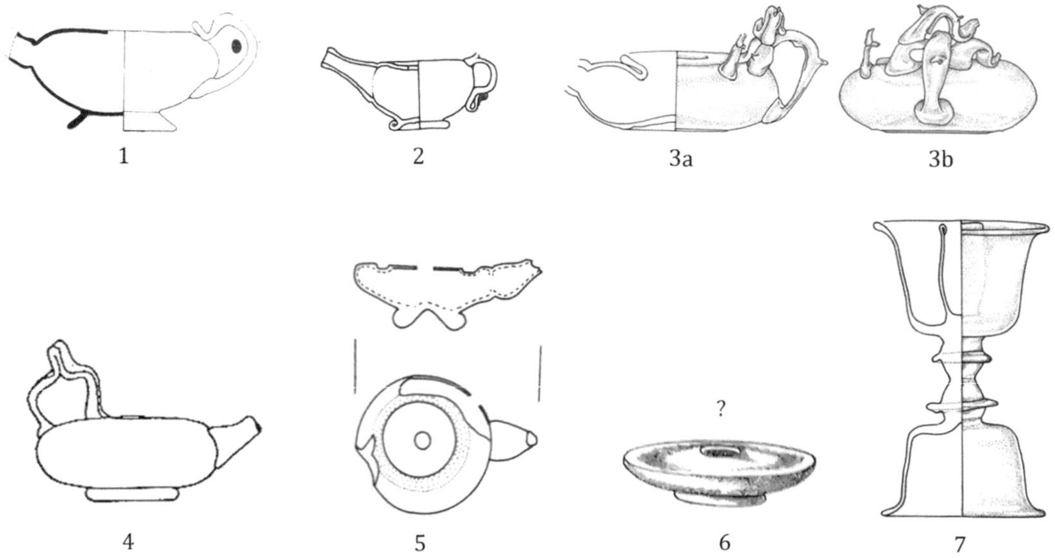

Fig. 1: Principali forme di lucerne in vetro soffiato di età romana: 1. Emona (tab.1, n. 5), 2. Treviri (tab. 1, n. 12), 3–3b. Rheinbach-Flerzheim (tab. 1, n. 11), 4. Sedeinga (tab. 1, n. 17), 5. Vicenza (tab. 1, n. 7), 6. Colonia (tab. 1, n. 14). Candelabro: 7. Rheinbach-Flerzheim (tab. 1, n. 26).

La bibliografia sull'argomento è piuttosto limitata e sparsa in articoli di carattere specifico riguardanti singoli rinvenimenti. Pur non mancando studi sull'argomento,[4] sarebbe tuttavia necessario in futuro un lavoro articolato che tenga conto di tutti gli aspetti tecnico-produttivi, crono-tipologici e contestuali. Bisogna rilevare, inoltre, come gli esemplari editi siano solo quelli interi, elemento questo che porta ad ipotizzare una difficoltà nel riconoscimento, e dunque della pubblicazione, di frammenti di lucerne o candelabri ridotti in frammenti; la mancanza di parti caratteristiche, infatti, comporta l'impossibilità di essere univocamente identificabili in questo senso.

A complicare ulteriormente l'argomento sono non da ultimo gli oggetti stessi. E' il caso di un gruppo di recipienti in vetro provvisti di foro centrale e piccola ansa ad occhiello, per i quali è stata recentemente discussa la possibilità che si tratti di calamai.[5]

Lucerne e candelabri

La lucerna in ceramica costituisce in età romana uno dei prodotti più diffusi in ambiti sociali diversi, soprattutto grazie all'utilizzo della matrice che ne ha consentito una realizzazione di massa. In contesti sociali più elevati erano sicuramente affiancate da più pregevoli e durature lucerne in metallo, come noto spesso tesaurizzate, e le ancora più rare lucerne in vetro. Dal punto di vista morfologico non sembrano sussistere legami morfologici stretti con esemplari ceramici.

Fig. 2: New York, Metropolitan Musem. Lucerna soffiata in matrice da Cipro, dalla Collezione Cesnola (tab. 1, n. 24).

Sulla base della documentazione edita possiamo innanzitutto suddividere le lucerne in vetro in due grandi gruppi a seconda che siano soffiate liberamente o con l'ausilio di matrici.

Le lucerne del primo tipo costituiscono la maggior parte dei rinvenimenti noti. Sembrano essere presenti varianti legate alla tecnica meno controllabile rispetto alla matrice, ma anche per la provenienza da officine diverse per collocazione cronologica e geografica; tuttavia il loro numero è ancora troppo basso per poter anche solo tentare ulteriori suddivisioni tipologiche. Variazioni significative si rilevano nell'altezza di impostazione dell'ansa – parallela alla spalla o sormontante sul disco – e nella fattura del piede che può essere pieno o ad anello tubolare. Gli esemplari editi, inoltre, non sono descritti in modo univoco e uniforme mancando spesso di informazioni specifiche sulle caratteristiche tecniche, utili ad un più preciso inquadramento tipologico e cronologico. E' il caso della forma del piede pieno, ad anello tubolare o a filamento applicato, o ancora della presenza sul fondo del segno del pontello, innovazione tecnica databile a partire dal tardo I sec. d.C.

Gli esemplari più antichi in contesto sono databili nel corso del I secolo d.C. (verosimilmente alla seconda metà), provengono da Akko, Pompei ed Emona (fig. 1.1; tab. 1, nn. 1–5) e presentano corpo globulare leggermente schiacciato al centro in corrispondenza di uno stretto foro di alimentazione, lungo becco applicato di forma cilindrica/tronco-conica leggermente rivolto verso l'alto, ansa ad occhiello verticale impostata sulla spalla e un piede ad anello. Per caratteristiche morfologiche generali potrebbe essere incluso in questo gruppo anche un esemplare con 3 anse, attualmente nella collezione della Hebrew University of Jerusalem e considerato un prodotto di IV–VI secolo d.C. dell'area orientale del Mediterraneo (tab. 1, n. 19).

Tutti questi esemplari sono accostabili per morfologia alle lucerne in bronzo derivate da prototipi tardo-ellenistici di II–I secolo a.C. e particolarmente diffuse nel I secolo d.C., le quali tuttavia non verranno mai riprodotte in ceramica.[6]

Per quanto riguarda i contesti di rinvenimento, quelli pompeiani sono gli unici relativi all'ambito domestico e in un caso si dispone persino della precisa collocazione nel triclinio (tab. 1, n. 4). Gli esempi provinciali coevi, al contrario, rimandano esclusivamente alla sfera funeraria. Il contesto più antico finora noto è quello di un'inumazione della necropoli di Akko, scavata dalla Missione Archeologica Italiana negli anni '60. Durante le campagne di scavo in località Maserà, infatti, furono portate alla luce due livelli di sepolture, di cui il primo in fossa terragna con prevalenza di oggetti in vetro soffiato e il secondo costituito da tombe a cassone con forme in ceramica di tradizione ellenistica.[7] Dalla sepoltura 16,22 furono recuperati 28 balsamari di vetro, una bottiglia soffiata in matrice con corpo conformato a botte e, appunto, una lucerna in vetro frammentaria. Si tratta, dunque, di contenitori comuni di oli ed essenze funzionali al rituale funerario (balsamari), alle libagioni (bottiglia) e di valenza anche simbolica (lucerna).

L'esemplare dalla sepoltura di Emona, datata alla seconda metà del I secolo d.C., è un caso isolato ma coerente in un corredo costituito quasi esclusivamente da oggetti in vetro, secondo una pratica documentata anche all'area nord-est della penisola italica.[8] Oltre alla lucerna nella sepoltura troviamo infatti un bracciale in metallo come unico oggetto personale, 3 monete come obolo per Caronte e altri oggetti in vetro: balsamari (4), bottiglia (1), bicchieri (2) e attingitoio (1).

Coeva a questi rinvenimenti è una rara lucerna realizzata mediante soffiatura in matrice, conservata presso il Metropolitan Museum, ma proveniente dalla collezione Cesnola e dunque da Cipro (fig. 2; tab. 1, n. 24). La forma trova un confronto molto preciso con esemplari in ceramica del tipo Loeschcke VIII = Bailey O (Q1214), sulla base del quale si propone una datazione alla seconda metà del I secolo d.C.[9]

Tornando agli esemplari soffiati liberamente, nulla possiamo dire di altri rinvenimenti provinciali fuori contesto. Potrebbero essere cronologicamente di poco successive e forse già inquadrabili nel II secolo d.C., la lucerna in vetro verde da Aquincum (tab. 1, n.9), quelle con generica provenienza da aree funerarie di Spalato e Vis (tab. 1, 15–16)

Fig. 3: New York, Metropolitan Musem. Lucerna soffiata con corpo discoidale priva di becco (tab. 1, n. 21).

e ancora l'esemplare incolore nella collezione del British Museum senza provenienza (tab. 1, n. 18), per la quale viene anche riportata la presenza del segno di pontello sul fondo, notazione che consente di proporre una cronologia almeno successiva al tardo I secolo d.C., quando viene appunto introdotta tale innovazione tecnica.

Un gruppo diverso morfologicamente è costituito da rinvenimenti provinciali di area renana di III secolo d.C. (fig. 1–3; tab. 1, nn. 10–12). Sono lucerne simili alle precedenti per impostazione generale, dalle quali si differenziano tuttavia per l'ampiezza e la lavorazione del margine del foro di alimentazione, ripiegato su se stesso verso l'esterno, nonché per la maggiore dimensione dell'ansa o per una sua totale assenza.

Prive di ansa sono la lucerna da una collezione di Vicenza (fig. 1. 5; tab. 1, n. 7) e una lucerna in vetro incolore rinvenuta a Colonia (tab. 1, n.10). In accordo con il gusto delle officine renane attive tra la fine del II e il III secolo d.C., un filamento blu traslucido è applicato a decorare il bordo del becco e del foro di alimentazione. Lo stesso colore blu cobalto è stato impiegato per realizzare la lucerna inedita conservata nel Toledo Museum e priva di provenienza (tab. 1, n. 20), per la quale Fremersdorf suggeriva la pertinenza ad una produzione siriana.[10]

I rinvenimenti di lucerne vitree in contesti provinciali di media età imperiale sono tutti relativi a ricche sepolture, per lo più femminili ma non esclusivamente. Attribuita ad un individuo di sesso maschile, infatti, è l'inumazione W78 della necropoli meroitica di Sedeinga inquadrabile nel corso del III secolo d.C., verosimilmente la seconda metà. In essa furono deposte statuine di Osiride in bronzo, dadi in avorio ed impugnature in ebano, ma anche un eccezionale corredo di 30 vasi di vetro tra cui, appunto, una lucerna incolore (fig. 1.4; tab. 1, n. 17).

Un altro interessante esemplare è stato rinvenuto nella necropoli di Rheinbach-Flerzheim in Germania (fig. 1.3–3b; tab. 1, n. 11), come parte di un ricco corredo in una tomba datata alla prima metà del III secolo d.C. L'esemplare incolore è dotato di una particolare ansa verticale, alla quale si sovrappongono altre piccole anse orizzontali, mentre il corpo è decorato da filamenti incolori "serpentiformi", decorazione tipica delle officine regionali che riproducono motivi e tecniche di origine siriana.[11]

Il caso in questione consente di introdurre un secondo strumento legato all'illuminazione artificiale ed eccezionalmente riprodotto in vetro: il candelabro. Il suo utilizzo era ampio nelle regioni dell'impero più lontane dalle fonti di approvvigionamento di olio d'oliva,[12] come la Britannia, Gallia, Germania e Norico. Ne esistono esempi in ceramica databili tra la seconda metà del I e la prima metà del II secolo d.C.[13] e molti nel secolo successivo fino al IV,[14] oltre a più preziosi esemplari in bronzo.[15] Somiglianze strette sono ravvisabili tra questi ultimi e i rari corrispettivi in vetro di III secolo, rinvenuti nell'area di Colonia in ricche sepolture aristocratiche femminili (tab. 1, nn. 25–27).

In questi contesti sembra chiaro come i prodotti vitrei delle officine locali fossero il veicolo privilegiato per comunicare valori tradizioni funerarie locali, oltre che un bene da ostentare,[16] come nel caso, appunto, della già citata sepoltura di Rheinbach-Flerzheim, dalla quale provengono una lucerna (fig. 1.3–3b; tab. 1, n. 11) e un candelabro in vetro (fig. 1.7; tab. 1, n. 26).[17] L'incinerazione in cassa litica di questa sepoltura faceva parte di un sepolcreto relativo ad una villa rustica e conservava i resti di una ragazza di 14–16 anni, deposta con un ricco corredo, composto quasi esclusivamente di oggetti vitrei: accanto a beni strettamente personali (retina per capelli, collana, anello e specchietto) e ambre (spillone, fuseruola e statuina) troviamo infatti vasellame vitreo da mensa (coppa, piatto, bottiglie) e per essenze (bottiglia "mercuriale"), nonché gli elementi del corredo rituale tra cui appunto la lucerna e il candelabro per irradiare luce sulla via dell'oltretomba e ancora un coltello con impugnatura vitrea impiegato per le offerte di cibo durante il banchetto funebre.

In un sepolcreto a Rommerskirchen è una sepoltura coeva alla precedente, nella quale ritroviamo all'incirca gli stessi oggetti vitrei (vasellame da mensa e candelabro) e in metallo (coltello e specchio). Si tratta in questo caso di un'inumazione di una donna di circa 40 anni, parte di una necropoli parimenti afferente ad una villa rustica,[18] nel cui corredo su 26 oggetti si contano 16 recipienti in vetro tra cui ampolle, bottiglie "mercuriali", forme da mensa e il candelabro (tab. 1, n. 27).[19] E' interessante notare come la deposizione di un candelabro in bronzo ricorra nello stesso periodo anche nella ricca sepoltura femminile di Zülpich-Enzen.[20]

E' ancora Colonia a restituire un candelabro in vetro incolore decorato da filamenti blu da una sepoltura ad incinerazione (tab. 1, n. 25). Si tratta di uno dei rinvenimenti più importanti della necropoli sottostante la St. Severin Kirche che parimenti agli altri casi restituisce un corredo molto ricco e composto in gran parte da oggetti in vetro[21].

L'ambito renano offre ancora esempi di oggetti probabilmente legati all'illuminazione, tuttavia di non facile interpretazione: sono recipienti con corpo globulare o lenticolare, provvisti di un'ansa verticale e un unico foro centrale, per i quali viene proposta alternativamente l'identificazione con lucerne o calamai. Il problema è stato recentemente discusso da Lightfoot in un articolo appositamente dedicato, nel quale l'autore propone dei confronti con esemplari in altro materiale e sottolinea come la forma dell'apertura rivolta verso l'interno sia più funzionale ad un calamaio che non ad una lucerna.[22]

Dall'insieme degli esempi citati, tuttavia, potrebbero discostarsi un esemplare nella Collezione Oppenländer (tab. 1, nn. 22–23), i 7 esemplari rinvenuti in una sepoltura dalla necropoli medio imperiale di Regensburg (tab. 1, n. 13) e quello da Avenches (tab. 1, n. 8), tutti simili alle cosiddette "Tiegellämpchen" della regione di Treviri, in particolare di II–metà III secolo d.C., per le quali si è proposto l'utilizzo di uno stoppino galleggiante.[23] Interpretato da Fremersdorf come lucerna – ma potrebbe anche trattarsi di un portacandela – è un recipiente discoidale su piede ad anello con foro centrale leggermente rialzato (fig. 1.6; tab. 1, n. 14), rinvenuto a Colonia, Luxemburger Straße, e conservato nella collezione Niessen.

Diverso e isolato è, infine, un esemplare in vetro incolore senza provenienza, attualmente conservato presso il Metropolitan Museum di New York[24] e datato al II–III secolo d.C. (fig. 3; tab. 1, n. 21). Presenta il corpo discoidale con foro di alimentazione centrale e ansa verticale, ma è privo di piede e becco: il foro per l'accensione è ricavato, infatti, realizzando un foro nel punto diametralmente opposto all'ansa e sul fondo reca un largo segno di pontello ovale.

Conclusioni

I contesti con datazione certa consentono di affermare che durante il I secolo d.C. furono realizzate le prime lucerne in vetro, probabilmente secondo un modello bronzeo tardo ellenistico di II–I secolo a.C. mai riprodotto in ceramica, il quale prevedeva un corpo globulare su piede, lungo becco cilindrico rivolto verso l'alto e un'ansa a nastro sulla spalla. Seppur con varianti, tale impostazione generale sembra non essere mai stata abbandonata fino al III sec. d.C. E' questo il periodo nel quale in ambiente renano un altro strumento per l'illuminazione artificiale – il candelabro – viene realizzato in vetro e deposto insieme a molti altri oggetti nello stesso materiale nei ricchi corredi appartenenti all'aristocrazia locale. Le informazioni ad oggi disponibili, inoltre, sembrano indicare proprio lo spazio funerario come luogo privilegiato per l'utilizzo di questi oggetti vitrei.

Le lucerne non sembrano più prodotte a partire dal IV secolo, quando strumenti in vetro del tutto nuovi ed estranei alla tradizione precedente inizieranno a svolgere la funzione di illuminare domus, chiese e cimiteri: le lampade a sospensione singole o multiple alloggiate in eleganti *polycandela*.

Il ricordo delle lucerne romane di tradizione ellenistica permane allora, ormai miniaturizzato e completamente assorbito dalla funzione simbolica, nella forma di piccoli pendagli di vetro.[25]

N.	Luogo di rinvenimento	Contesto	Colore	Misure	Cronologia	Descrizione	Luogo di conservazione e inventario	Bibliografia
					LUCERNE			
Soffiatura libera								
1	Akko	Necropoli, T. 61,22 (località Maserà). Sepoltura ad inumazione	–	H 3,5; Ø 20; L becco 4; L ansa 2,5; Ø base 5	Prima metà I sec. d.C. (contesto, Fortuna p. 20)	Globulare su piede ad anello (?), ansa a nastro frammentaria impostata sulla spalla, becco cilindrico frammentario	Cesarea?	Fortuna 1965, 19 fig. 5
2	Pompei	–	Verde-azzurro	H 5,3; Ø 9,9	I sec. d.C. (seconda metà?)	Globulare su piede ad anello, ansa ad occhiello impostata sulla spalla; corto becco cilindrico applicato frammentario	SANC 133310	Paolucci 2004
3	Pompei o area vesuviana	–	Verde-azzurro	H 6; L 12,5; Ø 8,3	I sec. d.C. (seconda metà?)	Globulare su piede ad anello, ansa ad occhiello impostata sulla spalla; corto becco cilindrico applicato intero con margine tagliato di netto e non rifinito	SANC 12213	Borriello 2004= Borriello et al. 1986, 224, n. 41
4	Pompei	I, 11, 16 angolo NE del triclinio (21/07/1990)	Verde-azzurro	H 4; L 11; Ø 8	I sec. d.C. (seconda metà?)	Globulare su piede ad anello, ansa frammentaria a occhiello impostata sulla spalla	SAP 12714	De Carolis 1999
5	Emona (Liubana)	Necropoli (scavi Titova Cesta-Lenarčič-Wiese), T. 76 (1081). Inumazione in fossa terragna	Giallo-verde	H. 10,3	Seconda metà I sec. d.C.	Globulare su piede ad anello pieno, ansa a sezione ovale impostata sulla spalla	Narodni Muzej Slovenjie R6806	Petru 1972, 100. 165, pl. LXXXVIII, 7 = Perko 2012, 37
6	Voghenza	Prob. Tomba di Valeria Carria, inumazione in sarcofago	Verde-azzurro	H 5,8 (4 senza ansa), Ø 10, base 4	I sec. o d.C. poco oltre	Corpo discoidale su piede ad anello, piccola ansa ad occhiello sulla spalla, becco frammentario	Museo Civico di Voghenza, RA 211	Visser Travagli 1984, 305 s., fig. 190; 308, n. 4, fig. 192, tav. XLVI, n. 4
7	Vicenza	Collezione Da Schio	Verde	H. 2; L 6,9: Largh 4,4	I-II sec. d.C.	Corpo discoidale su piede ad anello pieno; becco cilindrico; spalla divisa dal disco mediante una circonferenza incisa	Museo Naturalistico Archeologico di Vicenza, s.n.i.	Casagrande – Ceselin 2003, 200, cat. 318, tav. XIX. XXXV
8	Avenches	–	Verde-azzurro		I-II sec. d.C. (Bonnet Borel 1997, 44)	Corpo globulare con piccola ansa ad orecchio impostata sulla parte inferiore, foro di alimentazione con margine ribattuto esternamente	Musée romain d'Avenches	Bonnet Borel 1997, 44, AV V 113. 83, tav. 21; 97, tav. 32, 10

Tab. 1

9	Aquincum (Budapest)	-	Verde	H 3,2; Ø 7,2; Ø fondo 4	II sec. d.C. (Barcocki 1988)	Globulare su piccolo piede ad anello pieno, mancante del becco; dell'ansa impostata sulla spalla si conservano solo l'attacco superiore e inferiore	AM 50533	Barkóczi 1988, 213 e tav. LXIII, n. 542 = Kaba 1958, tav. 10.4
10	Colonia	-	Incolore con filamenti blu che decorano il margine del becco e del foro di alimentazione	L 10,6	II-III sec. d.C.	Discoidale su piede ad anello priva di ansa, becco cilindrico diritto con margine lavorato a caldo mediante l'applicazione di un filamento blu	G 745	Fremersdorf 1961, 36-37 tav. 47 (sotto) = Doppelfeld 1966, tav. 88 (sotto), Gruppo 3.5
11	Rheinbach-Flerzheim	Necropoli nord, T. 7. Sepoltura femminile (14-16 anni) ad incinerazione con ricco corredo, tra cui il candelabro n. 26	Incolore	H 5,5; Ø disco 5,4; Ø base 5,6	Prima metà III sec. d.C.	Globulare decorato da filamenti su piccolo piede ad anello pieno, becco cilindrico frammentario soffiato in un unico tempo (?), ansa verticale con presa e 4 piccole anse orizzontali sormontanti.	Rheinisches Landesmuseum Bonn 82.0275,54	Lösch 2012, 71-73, figs. 23,24,27
12	Treviri	-	Incolore	H 3,3; L 7,5 (dal becco all'ansa); Ø massimo 5,8; Ø fondo 3,2	III-IV sec. d.C. (Goethert 1997)	Globulare su piede ad anello tubolare, becco cilindrico diritto con margine lavorato a caldo, ansa a sezione ovale impostata sulla spalla	Landesmuseum Trier G745	Goethert-Polaschek 1977, 259 e tav. 81, n. 1538 (forma 163) = Goethert 1997, 192, n. 149
13	Regensburg	Necropoli, sepoltura ad incinerazione, T. 150	-	-	II-III sec. d.C.	7 lucerne con corpo globulare, piccola ansa a nastro	-	Lamprecht 1906, 85 e tav. XVI, n. 30-31
14	Colonia	Luxemburger Straβe	Incolore/bianco latteo per deterioramento	H 2,5; Ø 5	II-III sec. d.C.	Lucerna o porta candela di forma discoidale su piede ad anello, foro di alimentazione centrale. Un esemplare analogo da Colonia (RGM 240) è citato come confronto in Fremersdorf 1961, p. 37	Collezione Niessen N539	Fremersdorf 1961, 36-37, tav. 47 (sopra)= Niessen 1911, 47 e tav. 24, n. 539
15	Spalato	Area sepolcrale di Poljud	Verde-azzurro	Corpo 8,8; L 11,9	I-III sec. d.C.	Corpo globulare su piccolo piede ad anello pieno, becco cilindrico, mancante dell'ansa	G1616	Buljević 2006, 107 s., fig. 1
16	Vis	Necropoli Vlaška Njiva	Verde chiaro	Corpo 7, L. 10,25 cm	II-III sec. d.C.	Corpo globulare su piccolo piede ad anello pieno, corto becco cilindrico, ansa a nastro	G 122; 38088	Buljević 2006, 107 s., fig. 2
17	Sedeinga	Necropoli,T. W78, inumazione maschile.	Incolore	L 10, largh. 7	III sec. d.C. (seconda metà?)	Corpo discoidale su piede ad anello, ansa verticale sormontante, becco cilindrico verso l'alto	-	Cool 1996, 205-207, fig. 4.1

Tab. 1 *(continued)*

18	British Museum, ex-collection Louis, Duc de Blacas d'Aulps de Blacas d'Aulps	–	Verde-azzurro	H 5,5; L 11	Post tardo I sec. d.C. sulla base del pontello; II sec. d.C.(Tait 1991)	Globulare su piede ad anello pieno, lucerna a sezione ovale impostata sulla spalla	BM 1867,0508.586,	Tait 1991, 65, tav. 79
19	Hebrew University of Jerusalem, ex Coll. Mrs. Miriam Schaar-Schloessinger	–	Verde-azzurro	H 5,5; L 11	Probabilmente prima età imperiale (IV-VI sec. d.C. JGS 1966, no. 9).	Globulare su piede ad anello, ansa verticale impostata sulla spalla e tre piccole ad occhiello	7085	Rosenthal-Sivan 1978, 163, n. 677; JGS 1966, 130-131
20	Toledo Museum, donazione di Edward Drummond Libbey	–	Blu traslucido	H 4.9 cm; Ø orlo 4 cm; Ø corpo 7.5 cm; Ø base 2 cm	Media età imperiale?	Corpo discoidale su piede ad anello applicato, ansa verticale impostata sulla spalla, breve becco con margine ritagliato e lavorato a caldo	1923.542	Inedita. http://emuseum.toledomuseum.org/objects/51598/lamp?ctx=c1d65d70-99f9-48d9-b180-5c416eeb65c5&idx=7 (18-11-2018)
21	Metropolitan Museum, ex Edward C. Moore Collection donata nel 1891	–	Incolore	H. 1.3 cm; Ø 5.7 cm	II-III sec. d.C. (Lightfoot 2013)	Corpo discoidale, piccola ansa verticale ad occhiello impostata sulla spalla, foro di accensione al limite opposto dell'ansa	91.1.1513	Lightfoot 2013, 431 fig. 5
22	Erwin Oppenländer	–	Verde-azzurro	H 3,3; Ø 6,5	I-II sec. d.C. (von Saldern et al. 1974)	Corpo discoidale, piccola ansa verticale ad occhiello impostata sulla spalla, foro al centro della vasca	2399	von Saldern et al. 1974, 203-204, n. 571
23	Erwin Oppenländer	–	Verde-azzurro	H 3,3; Ø 6,5	I-II sec. d.C. (von Saldern et al. 1974)	Corpo globulare, piccola ansa verticale ad occhiello impostata sulla spalla, foro con margine ripiegato esternamente	5003	von Saldern et al. 1974, 203-204, n.572
Soffiatura in matrice								
24	Metropolitan Museum, ex Collezione Cesnola	Cipro	Verde-azzurro	H. 3.8 cm; Ø 11.2 cm	Seconda metà I sec. d.C., sulla base del confronto con il tipo Loeschcke VIII = Bailey O (Q1214)	Corpo discoidale, ansa ad occhiello e becco tondo	74.51.286	Myres 1914, 510, n. 5615 = Lightfoot 2013, 432 fig. 6 = Lightfoot 2017, n.447

Tab. 1 *(continued)*

CANDELABRI (soffiatura libera)								
25	Colonia	Necropoli di S.Severin (rinveimenti sotto la chiesa) T. 545	Incolore, filamento blu applicato su stelo e piede		Tardo II-III sec. d.C.	Candelabro composto da due coppe con orlo svasato lavorato a caldo, unite tramite uno stelo con doppio elemento sferico e discoidale pieno. All'interno della coppa superiore il porta candela presenta margine lavorato a caldo	RGM 53.75	Fremersdorf 1955, 121, fig. 3 e tav. 29,3 = Fremersdorf 1961, 37, tav. 48
26	Rheinbach-Flerzheim	Necropoli nord, T. 7. Sepoltura femminile (14-16 anni) ad incinerazione con ricco corredo, tra cui la lucerna n. 11	Incolore	H 12,9; Ø parte superiore 7,8;Ø base 7,3	Prima metà III sec. d.C.	Candelabro composto da due coppe con orlo svasato lavorato a caldo, unite tramite uno stelo con doppio elemento sferico e discoidale pieno. All'interno della coppa superiore il porta candela presenta margine ribattuto internamente	Rheinisches Landesmuseum Bonn 82.0275,52	Folmann-Schulz 1992, 95, n. 56 = Lösch 2012, 71-73 figs.25-26
27	Rommerskirchen	Necropoli. Sepoltura femminile (40 anni) ad inumazione con ricco corredo	Incolore/verde chiaro	–	Metà III sec. d.C.	Candelabro composto da due coppe con orlo rientrante, unite tramite uno stelo con elemento discoidale	–	Gechter 2006, 142, fig. 142.

Tab. 1 *(continued)*

Note

Ricerca condotta nell'ambito del PRIN 2015 - Luce crea Luce (2015PX7BEY), Unità Operativa dell'Università degli Studi di Urbino Carlo Bo.

[1] Sembra evidente dagli autori latini, che le lastre da finestra avevano la funzione primaria di portare la luce all'interno, più che aprire le stanze verso l'esterno. Questo elemento è, d'altra parte, in accordo con la natura stessa di questi pannelli che non hanno, in effetti, una trasparenza tale da consentire una visione chiara degli oggetti.

[2] Isings 1957.

[3] Goethert-Polaschek 1977.

[4] Ceselin 2003; Buljević 2006.

[5] Lightfoot 2013.

[6] De' Spagnolis – De Carolis 1983, 11–15; Conticello de' Spagnolis – De Carolis 1988, 23–38.

[7] Fortuna 1965, 17.

[8] Si veda ad esempio il caso della necropoli di Padova in Rossi 2014.

[9] Per le lucerne da Cipro si veda il contributo di M. Kajzer in questo volume.

[10] Fremersdorf 1961, 36.

[11] Fremersdorf 1959.

[12] Chrzanovski 2006, 30.

[13] Bailey 1988, 172 cat. 1650–1653.

[14] Bailey 1988, 173 s. cat. Q1654–1666.

[15] Fremersdorf 1928, tav. 97; Folmann-Schulz 1989, 59 n. 30.

[16] La bibliografia sull'argomento è piuttosto vasta, si vedano a titolo di esempio Päffgen 1989; Höpken – Liesen 2013.

[17] Löesch 2012.

[18] Gechter 1987.

[19] Gechter 2007.

[20] Folmann-Schulz 1989.

[21] Fremersdorf 1955.

[22] Lightfoot 2013, 426.

[23] Goethert 1997, 26.

[24] Lightfoot 2013, 428 fig. 5 (MET 91.1.1513).

[25] Frohener 1903, tav. CLI, n. 31 = Filarska 1972, 72 s. n. 38 e tav. X, 4; Frohener 1903, tav. CLI, n. 32; Eisen 1927, 520 fig. 225; Fremersdorf 1975, 83 tav. 41 cat. 804; Fitzwilliam Museum, 43, 85h (Egitto); Spaer et al. 2001, 188 e tav. 32, n. 430.

Indice delle figure

Fig. 1: Rielaborazione di B. Lepri da Petru 1972, pl. LXXXVIII, 7 (Emona); Goethert-Polaschek 1977, tav. 81 n. 1538 (Treviri); Lösch 2012, figs. 23. 25. 27 (Rheinbach-Flrezheim); Cool 1996, fig. 4.1 (Sedeinga);

Casagrande – Ceselin 2003, tav. XXXV, cat. 318 (Vicenza); Niessen 1911, tav. 24, n. 539 (Colonia). – Fig. 2: © The Metropolitan Museum of Art (open access: https://www.metmuseum.org/art/collection/search#!?q=74.51.286; 11-12-2018). – Fig. 3: © The Metropolitan Museum of Art (open access: https://www.metmuseum.org/art/collection/search/245811?searchField=All&sortBy=relevance&ft=91.1.1513&offset=0&rpp=20&pos=1; 11-12-2018).

Bibliografia

Bailey 1980
D.M. Bailey, A Catalogue of the Lamps in the British Museum, 2, Roman Provincial Lamps (London 1980).

Bailey 1988
D.M. Bailey, A Catalogue of the Lamps in the British Museum, 3, Roman Provincial Lamps (London 1988).

Barkóczi 1988
L. Barkóczi, Pannonische Glasfunde in Ungarn (Budapest 1988).

Bonnet Borel 1997
Bonnet Borel, Le verre d'époque romaine à Avenches - Aventicum, Typologie générale (Avenches 1997).

Borriello et al. 1986
M.R. Borriello – U. Pappalardo – M. Lista – E. Pozzi, Le collezioni del Museo nazionale di Napoli: i mosaici, le pitture, gli oggetti di uso quotidiano, gli argenti, le terrecotte invetriate, i vetri, i cristalli, gli avori, Le grandi collezioni dei Musei italiani 1 (Roma 1986).

Borriello 2004
M.R. Borriello, Lucerna, in: M. Beretta – G. Di Pasquale (eds.), *Vitrum.* Il vetro tra arte e scienza nel mondo romano. Catalogo della mostra Firenze (Firenze 2004) 285, cat. 3.10.

Buljević 2006
Z. Buljević, Staklene lucerne iz rimske provincije Dalmacjie, Histria Antiqua, 14/2006, 107–113.

Casagrande – Ceselin 2003
C. Casagrande – F. Ceselin, Vetri antichi delle Province di Belluno, Treviso e Vicenza, CCAVV 7, (Venezia 2003).

Ceselin 2003
F. Ceselin, Lucerna, in: Casagrande – Ceselin 2003, 32–35.

Chrzanovski 2006
L. Chrzanovski, Lumière! L'éclairage dans l'antiquité. Une exposition itinérante conçue par le Musée romain de Nyon, Suisse. Catalogo della mostra Nyon (Milano 2006).

Conticello-De' Spagnoli – De Carolis 1988
M. Conticello-De' Spagnolis – E. De Carolis, Le lucerne di bronzo di Ercolano e Pompei (Roma 1988).

Cool 1996
H.E.M. Cool, Sedeinga and the glass vessels from the Kingdom of Meroe, Annales du 13e Congrès d'AIHV, 201–212.

De Carolis 1999
E. De Carolis, Lucerna, in: A. Ciarallo – E. De Carolis (eds.), Homo Faber. Natura, scienza e tecnica nell'antica Pompei. Catalogo della mostra Napoli (Milano 1999) 208, cat. 273.
De' Spagnolis – De Carolis 1983
M. De' Spagnolis – E. De Carolis, Museo Nazionale Romano. I bronzi, IV.1 Le lucerne (Roma 1983).
Doppelfeld 1966
O. Doppelfeld, Römisches und fränkisches Glas in Köln (Köln 1966).
Filarska 1962
B. Filarska, Szkla starożytne Ozdoby 1, Elementy Dekoracji w Szkle, Muzeum Narodowe w Warszawie, (Warsaw 1962).
Fitzwilliam Museum
Fitzwilliam Museum, Glass at the Fitzwilliam Museum. Catalog of an exhibition at the Fitzwilliam Museum (Cambridge-New York 1978).
Folmann-Schulz 1989
A.-B. Folmann-Schulz, Ein römischer Grabfund des 4. Jahrhunderts n. Chr. aus Zülpich-Enzen, Rheinland, KölnJb 22, 1989, 49–68.
Folmann-Schulz 1992
A.-B. Folmann-Schulz, Die römischen Gläser im Rheinischen Landesmuseum Bonn (Köln-Bonn 1992).
Fortuna 1965
M.T. Fortuna, I vetri soffiati della necropoli di Akko, JGS 7, 1965, 17–25.
Fremersdorf 1928
F. Fremersdorf, Die Denkmäler des römischen Köln 1, Neuerwerbungen der Römischen Abteilung des Wallraf-Richartz-Museum während der Jahre 1923–1927 (Berlin 1928).
Fremersdorf 1955
F. Fremersdorf, Aus der Tätigkeit des Römisch-Germanishen Museums Köln, KölnJbVFrühGesch 1, 1955, 117–126.
Fremersdorf 1959
F. Fremersdorf, Römische Gläser mit Fadenauflage in Köln (Schlangenfadengläser und Verwandtes), Die Denkmäler des römischen Köln 5 (Köln 1959).
Fremersdorf 1961
F. Fremersdorf, Römisches geformtes Glas in Köln, Die Denkmäler des römischen Köln, 6 (Köln 1961).
Fremersdorf 1975
F. Fremersdorf, Antikes, islamisches und mittelalterliches Glas, sowie kleinere Arbeiten aus Stein, Gagat und verwandtes Stoffen in den Vatikanischen Sammlung Roms, Catalogo del Museo Sacro 5 (Città del Vaticano 1975).
Froehner 1903
W. Froehner, Collection Julien Gréau. Verrerie antique, émaillerie et poterie appartenant à M. John Pierpont Morgan (Paris 1903).

Gechter 1987
M. Gechter, Der römische Gutshof der Secundini bei Rheinbach-Flerzheim, Rhein-Sieg-Kreis, Jahrb. d. Rhein-Sieg-Kreises 1987, 39–46.
Gechter 2007
M. Gechter, Die mittelkaiserzeitlichen Gräber von Rommerskirchen, Archäologie in Rheinland 2006 (Stuttgart 2007) 40–142.
Goethert-Polaschek 1977
K. Goethert-Polaschek, Katalog der römischen Gläser der Rheinischen Landesmuseums Trier (Mainz am Rhein 1977).
Goethert 1997
K. Goethert, Römische Lampen und Leuchter, Auswahlkatalog des Reihnischen Landesmuseum Triers (Trier 1997).
Höpken – Liesen 2013
C. Höpken – B. Liesen, Römische Gräber im Kölner Süden 2. Von der Nekropole um St. Severin bis zum Zugweg, KölnJb 46, 2013, 369–571.
Isings 1957
C. Isings, Roman Glass from Dated Finds (Groningen-Diakarta 1957).
JGS 1966
[senza autore] Recent Important Acquisitions made by Public and Private Collections in the United States and Abroad, JGS 8, 1966, 128–140.
Kaba 1958
M. Kaba, Az aquincumi üvegek. Die Gläser aus Aquincum. Budapest Régiségei, 18, 1958, 425–448.
Lamprecht 1906
I. Lamprecht, Der große römische Friedhof in Regensburg mit Besprechung seiner Gefäße und Fibeln, VHVO 58, 1906, 1–88.
Lightfoot 2013
C.S. Lightfoot, Write or Light? Roman Glass Inkwells and Lamps, in: M. Tekocat (ed.), K. Levent Zoroğlu'na Armağan / Studies in Honour of K. Levent Zoroğlu, Armağan Dizisi 3, 2013, 425–432.
Lightfoot 2017
C.S. Lightfoot, The Cesnola Collection of Cypriot Art. Ancient Glass (New York 2017).
Loeschcke 1919
S. Loeschcke, Lampen aus Vindonissa: ein Beitrag zur Geschichte von Vindonissa und des antiken Beleuchtungswesens (Zürich 1919).
Lösch 2012
C. Lösch, Exquisite Roman Glass at the frontiers of the Roman Empire. Early 3rd century glass from Tomb 7 of the Rheinbach-Flerzheim necropolis in Germany, in: H. Cabart (ed.), Le verre en Lorraine et dans les régions voisines, Actes du Colloque International, 26e rencontre de l'AFAV, Metz, 18–19 novembre 2011, (Montagnac 2012) 63–74.
Myres 1914
L. Myres, Handbook of the Cesnola Collection of Antiquities from Cyprus (New York 1914).

Niessen 1911

C.A. Niessen, Beschreibung Römischer Altertümer gesammelt von Carl Niessen. Sections on glass, ceramics and terra-cottas compiled by S. Loeschcke, those on bronzes and enamel ornaments by H. Willers, and on coins 1911 (Köln 1911).

Päffgen 1989

B. Päffgen 1989, Glasbeigaben in römischen Gräbern bei St. Severin in Köln, KölnJbVFrühGesch 22, 1989, 17–23.

Paolucci 2004

F. Paolucci, Lucerna, in: Beretta-Di Pasquale (eds.), Vitrum. Il vetro tra arte e scienza nel mondo romano. Catalogo della mostra Firenze (Firenze 2004) 284 cat. 3.9.

Perko 2012

V. Perko, Lamps on the Territory of Today's Slovenia in the Antiquity, in: V. Perko – A. Nestorović – I. Žižek (eds.), Ex Oriente lux. Roman Lamps from Slovenia, 4th International Congress of the International Lychnological Association (ILA) Ptuj, 15. do 19. maj 2012 (Ptuj 2012), 24–47.

Petru 1972

S. Petru, Emonske nekropole, odkrite med leti 1635-1960. Katalogi in monografije, 7 (Ljubljana 1972).

Rossi 2014

C. Rossi, Le necropoli urbane di Padova romana (Padova 2014).

von Saldern et al. 1974

A. von Saldern – B. Nolte – P. La Baume – T.E. Hævernick, Gläser der Antike, Sammlung Erwin Oppenländer (Mainz am Rhein 1974).

Spaer et al. 2001

M. Spaer – D. Barag – T. Ornan – Neuhaus, Ancient Glass in the Israel Museum. Beads and Other Small Objects (Jerusalem 2001).

Tait 1991

H. Tait (ed.), Five Thousand Years of Glass (London 1991).

Visser Travagli 1984

A.M. Visser Travagli, Le «antichità» di Voghenza nella cultura antiquaria ferrarese, in: M. Bandini Mazzanti – F. Berti – M. Bollini – M. Bondesan – C. Cornelio Cassai – L. Forlani – G. Masé - A.L. Morelli – G. Parmeggiani – P. Parrini – M.T. Pellicioni – D. Pupillo – R. Rossi – P. Saronio – A.M. V. Travagli, Voghenza. Una necropoli di età romana nel territorio ferrarese (Ferrara 1984) 283–312.

Strumenti per l'illuminazione in età ellenistica: i lampadari in marmo da Fianello Sabino (Lazio)

Maria Elisa Micheli

Abstract

The case-study concerns several great marble chandeliers from the Roman villa in Fianello Sabino (Rieti), which were sculpted in Delos in the second half of the 2nd century BC. They are discussed from two points of view: marble-manufacture and the functioning of the system. Their virtual display also offers an interesting opportunity to evaluate perception of the lighting phenomenon in a living-space.

Premessa

Illuminare mediante la luce artificiale interessa sia gli spazi pubblici che quelli privati e coinvolge lo svolgimento delle diverse attività dell'uomo, dal momento che garantisce modalità di aggregazione e pratiche di vita associata; si va raffinando nel corso del tempo, in sintonia con la maggiore complessità della società ed il livello tecnologico che essa raggiunge. Concorre attivamente all'economia, intervenendo su più livelli non ultimo quello che concerne la produzione stessa degli strumenti per l'illuminazione: dai più diffusi e facilmente trasportabili in argilla, a quelli più elitari in metallo, marmo e vetro come anche agli accessori per il loro posizionamento e corretto funzionamento. Altrettanto articolato è, di conseguenza, il rapporto tra apparecchi e spazi che, per quanto attiene all'intensità dell'illuminazione, varia in relazione al materiale del diffusore, al combustile impiegato, alla volumetria degli ambienti ed alla destinazione funzionale degli stessi.

Nell'età ellenistica, in ragione di bisogni sempre più complessi -che si legano anche al cerimoniale delle corti nei regni che si affacciano sul bacino del Mediterraneo- vengono sperimentati sia nuovi materiali sia nuove forme, che innovano le tipologie d'uso consolidate per l'illuminazione in ambito greco e, per estensione, greco-romano. Si rendono anzitutto necessari nuovi strumenti per fornire di luce il sovrano, poiché si tratta ora di ri-creare una luce che viene di fatto equiparata a quella per le divinità: se gli dei, come ha sottolineato Brunilde Sismondo Ridgway, manifestavano concretamente ai devoti la loro 'epifania' grazie allo splendore (*lamprotes*, il latino *nitor*) dei materiali utilizzati nelle statue di culto,[1] l'illuminazione degli spazi loro dedicati doveva essere affidata ad oggetti altrettanto pregiati (esemplificativa ne è già la lampada d'oro nell'Eretteo[2]).

Al *phaos* dei dinasti – che sono veri e propri *theoi epiphaneis* – concorrevano indubbiamente vesti ed ornamenti preziosi, ma dobbiamo presumere che oggetti realizzati in materiali di eguale valore servissero a rischiarare sia le occasioni solenni

Fig. 1: Roma, Museo Nazionale Romano. Lampadario da Fianello Sabino, esterno.

(come documentano le pompai, ad esempio, tanto in Egitto quanto in Siria) sia gli ambienti nei quali i sovrani si presentavano ai sudditi, se Antioco di Siria inviò in dono a Roma per il tempio di Giove Capitolino un candelabro incrostato di gemme,[3] verosimilmente discendente da quello a forma di albero carico di frutti – i cui rami servivano a reggere lampade – che era stato razziato da Alessandro Magno a Tebe, e dal Macedone successivamente dedicato nel tempio di Apollo a Cime (Plin. nat. 34, 3,8).

Sono gli esemplari in metallo a servire come modelli per creazioni in altro materiale; dalla media età ellenistica, si distingue una manifattura di candelabri che traduce nel

Fig. 2: Roma, Museo Nazionale Romano. Lampadario da Fianello Sabino, esterno.

marmo base trapezoidale e fusto a pilastro acantino: lo attesta bene la selezionata e precoce campionatura recuperata dal relitto di Mahdia.[4] Nel prosieguo, questi candelabri accentueranno la trasformazione della base in una piramide a pianta triangolare (con le facce decorate) e quella del fusto in un'imponente struttura vegetalizzata. Fungeranno da prestigiosi elementi d'arredo, situazione che è documentata in contesto romano anche dalle pitture: ne è un buon esempio la scenografica architettura del triclinio 14 della Villa A di Oplontis, dove due candelabri -che la cromia indica ancora in metallo- sono ai lati di un portale. Rispetto alla prevalenza del sostegno, alloggiamento e tipologia del contenitore per il combustibile sono però del tutto sussidiari.[5] A partire dalla metà del II secolo a.C., sono soprattutto le manifatture delie a realizzare siffatti prodotti di lusso che vengono proposti ad una facoltosa clientela romana in via di accelerata ellenizzazione.[6]

I lampadari in marmo: tipologia e funzione

Nell'ambito di una produzione molto specializzata -limitata nel tempo e che i rinvenimenti indicano presente sostanzialmente a Roma, con qualche sporadica attestazione nella sola *regio* I – ritengo che si iscriva un piccolo, ma raffinato, lotto di sei lampadari in marmo pentelico da Fianello Sabino (Rieti); questi serviranno da prototipi per pochi altri esemplari usciti da botteghe stanziate su suolo italico, attive nella prima metà del I secolo a.C., che attingono al patrimonio formale di matrice delio-attica. Sono stati rinvenuti alla metà del Novecento in un deposito insieme a numerose statue di divinità e di tipo ideale, in formato diverso (maggiori del vero, al vero e minori del vero), nonché frustuli di mobilier in marmo che dovevano essere pertinenti all'arredo di una villa. Secondo la ricostruzione offerta da Christiane Vorster,[7] che seguo, il tutto si qualifica come uno dei più antichi arredi scultorei di lusso ad oggi noti: la maggior parte dei marmi è infatti databile tra il 100 a.C. e la metà del secolo successivo e si presta bene a ricostruire quelle linee di gusto e di tendenza della fase romana tardo-repubblicana, altrimenti note da scarne occorrenze materiali a fronte di quanto invece riferiscono le fonti letterarie.[8]

I sei lampadari hanno spessore molto sottile, pari a quello della superba tazza per fontana rinvenuta negli Horti di Mecenate sull'Esquilino;[9] quattro sono meglio conservati. Due, dal diametro pari a 47 cm, hanno forma radiale con otto becchi; il disco esterno esibisce al centro una testa di gorgone e sottili racemi acantini, con brattee delicate e percorse da costole a rilievo dalle quali originano girali terminanti in rosette ed infiorescenze (fig. 1). Queste ornano ogni becco, secondo un disegno e una soluzione compositiva che coniugano con armonica eleganza forma e decorazione. Il terzo, ornato più semplicemente dei precedenti nonostante l'identità di forma e misure, presenta all'esterno una rosetta a otto petali lisci e con i soli bordi rilevati (fig. 2); il quarto, di pari dimensioni, ha il disco adorno esternamente da foglie d'acanto spinoso alternate a foglie d'acqua (fig. 3), laddove i becchi mantengono la conformazione foliata.[10]

L'interno mostra il sistema di aggancio posto in mezzo al disco che ne rende certa la sospensione (fig. 4); un incavo circolare corre tutt'intorno: potrebbe trattarsi del possibile canale di ricevimento del combustibile nel quale, lo anticipo, non vi sono tracce macroscopiche d'uso (fig. 5). La sospensione avrebbe dovuto avvenire per il tramite di catenelle in metallo secondo quanto testimoniano bene due esemplari più tardi da Pompei. Il primo, rinvenuto nell'*impluvium* della Casa dei Capitelli Colorati[11] (VII 4, 57); presenta dieci becchi, di cui cinque scolpiti a calice di loto aperto verso il centro, alternati a foglie d'acanto; in asse con i cinque fiori sono scolpite a rilievo più alto cinque teste frontali, rispettivamente di Pan, Menade e Satiri barbati ed imberbi.

Le soluzioni formale e decorativa trovano puntuale riscontro nella lampada integra a sei becchi (dal corpo ancora più solido e massiccio) in marmo pentelico, ora nei depositi dei Musei Capitolini, proveniente verosimilmente dall'Esquilino, con sei maschere che

Fig. 3: Roma, Museo Nazionale Romano. Lampadario da Fianello Sabino, esterno.

si riferiscono a personaggi del dramma satiresco; nel frammento a Copenhagen, già nella collezione Thorvaldsen, proveniente da Roma dove è scolpita una maschera di vecchio Sileno[12]. Di dimensioni molto più piccole (ha un diametro di 18 centimetri) sono la lampada trilicne, anch'essa da appendere, da Aquileia (purtroppo senza contesto) decorata al centro del disco esterno con una maschera tragica femminile, e quella in marmo lunense nell'Akademisches Kunstmuseum di Bonn, del pari ornata con una maschera femminile.[13]

Fig. 4: Roma, Museo Nazionale Romano. Lampadario da Fianello Sabino, interno della fig. 2.

Il secondo lampadario ora nell'Antiquarium di Pompei[14] (di cui sfugge ad oggi la provenienza esatta da un complesso urbano ben individuato) ha otto becchi radiali che emergono dal serbatoio centrale e ciascun beccuccio è conformato a foglia, confluente verso una rosetta scolpita al centro del disco. Di questo tipo, e con gli stessi soggetti nel disco, sono noti pochi altri esemplari, per lo più decontestualizzati, ma che le scarne notizie sui comparti di provenienza rinviano a ville: i due frammenti dalla collezione Lanza nella tenuta della Falcognara sono stati scoperti nell'area di un *praedium* di età imperiale, che insiste su un nucleo di epoca tardo-repubblicana;[15] quello nella Galleria Colonna a Roma, da Casal Bianco nel territorio di Marino;[16] un altro, dall'area degli Horti Sallustiani[17] e due, privi di indicazioni precise, nei Musei Vaticani.[18] Ad essi si uniscono alcuni lampadari frammentari, scoperti in contesti di frequentazione pubblica: uno presso la porta del teatro di Sepino e almeno quattro nel teatro di Verona.[19]

Quanto alla morfologia, i materiali da Fianello Sabino e i loro derivati denunciano la discendenza da prototipi toreutici, riprendendo in particolare il tipo della 'Sanctuary Lamp' usata appunto negli spazi sacri (dubbio se anche con valenza rituale), meglio nota in ambito greco-ellenistico da produzioni in terracotta: valga, ad esempio, il

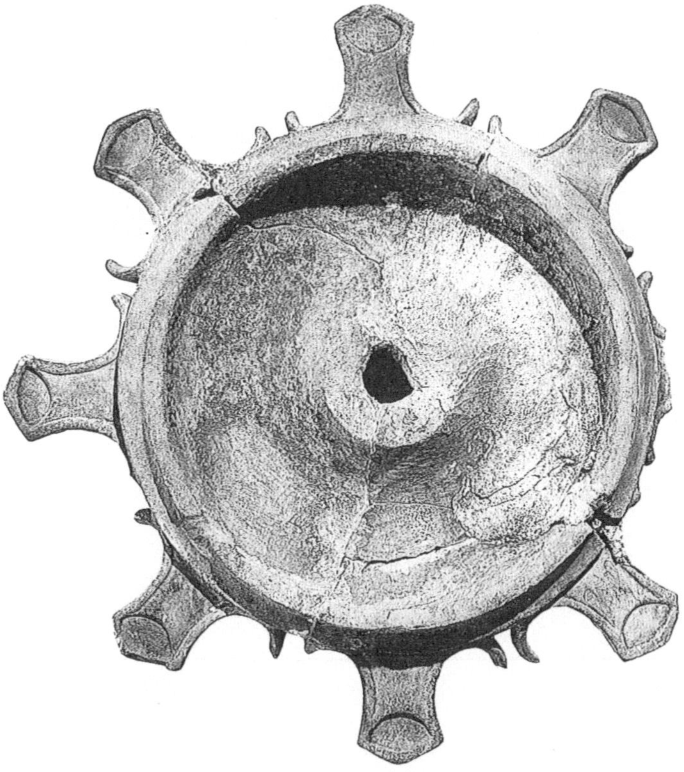

Fig. 5: Roma, Museo Nazionale Romano. Lampadario da Fianello Sabino, interno della fig. 1.

tipo 41 Howland.[20] Lucerne circolari, a più becchi munite di catenelle di sospensione e di anelli, di dimensioni anche cospicue, trovano numerosi paralleli nelle produzioni fittili dell'Egitto tolemaico: da Naukratis proviene l'esemplare[21] risalente all'avanzato III secolo a.C. (che ha significativi riscontri anche ad Atene e Salamina) con becchi disposti intorno al disco e collegati al canale riempito di combustibile, in maniera che le fiammelle fossero tutt'intorno.

Quanto alla decorazione, gli esemplari in marmo di seconda generazione condividono un repertorio figurativo proprio di pinakes ed oscilla, ai quali si allineano per quanto concerne le modalità di collocazione negli spazi domestici. Le *architecturae pictae*, in particolare sulle pareti di II stile, mostrano in alcuni rari casi imponenti lampadari sospesi in maniera illusionistica:[22] nella Casa delle Nozze d'Argento a Pompei[23] (V 2, 1), nella parete settentrionale delle fauces, il lampadario è agganciato al centro di una ghirlanda situata sotto una lunetta da cui è separata tramite una cornice a stucco. E' circolare e la conformazione dei becchi lascia il dubbio se non si tratti invece di fiammelle; in base al colore, invero molto evanido, resta incerto anche il materiale (se metallo o marmo). Sicuramente in marmo, stante la coloritura bianca, è invece il lampadario che pende nella parete settentrionale dell'ambiente 32 della Casa pompeiana del Bracciale d'Oro[24] (VI 17, 42). Nel registro superiore sono presenti anche oscilla a pelta sopra ghirlande, collocati tra aperture che dobbiamo presumere posizionate tra pilastri/paraste dipinti in rosso davanti ai quali sono poste sottili anfore in marmo. Tra le aperture si scorgono padiglioni a graticcio, che immagino sistemati in un finto secondo piano illusionistico.[25] Bizzarra è la conformazione del lampadario, a doppia corona (escludo che si tratti di due esemplari, di cui il secondo ripreso in prospettiva) con beccucci disposti tutt'attorno al disco.

Pendenti, questi lampadari in marmo avrebbero dovuto essere visti esclusivamente dal basso; mi chiedo, quindi, se il repertorio figurativo selezionato nel disco esterno non sia pensato in relazione alla sistemazione: grazie agli effetti provocati dalla luce indotta, proprio quegli specifici soggetti avrebbero potuto acquistare una particolare valenza. La visione dal basso, ad esempio, del gorgoneion scolpito al centro del disco nei due pezzi da Fianello Sabino – se illuminato dalla fiamma posizionata o al centro del canale o sui becchi – avrebbe aumentato l'aspetto 'mostruoso' della protome (creando sicuramente un umbratile movimento delle ciocche serpentine); egualmente, il gioco di luce e ombra avrebbe incrementato le caratteristiche comiche, satiresche o drammatiche delle maschere, stravolgendone i tratti in accordo con i tipi/caratteri ben noti al pubblico negli spettacoli teatrali.[26]

Le fonti antiche, pur parche di informazioni al riguardo, lasciano infatti percepire gli effetti speciali provocati dalle più 'corsive' lucerne configurate in terracotta e bronzo e già Aristofane nelle Ecclesiazuse suggerisce - tramite una raffinata scelta lessicale – per il *lychnos* tenuto in mano da Prassagora la figura di un mostro spirante fuoco, che avrebbe dovuto essere così percepito dagli spettatori durante la perfomance.[27] Al riguardo, mi piace ricordare che una sovra-illuminazione è riscontrabile a Delo nella Maison des comédiens, in cui sono state rinvenute 309 lucerne:[28] è un elemento che suggestiona ad immaginare sia lo svolgimento di virtuali prove di recitazione nella Maison sia un possibile stoccaggio di materiali utili ai fini della messa in scena delle pièces.

Negli esemplari più integri da Fianello Sabino, l'assenza macroscopica di tracce d'uso nel canale interno tende però ad escluderne la funzione di lucerne ad olio e verrebbe a confermare il fatto che si tratti di oggetti i quali difficilmente avrebbero potuto rivestire una reale funzione di diffusori di luce; da un lato, sarebbe stata necessaria una cospicua quantità di combustibile per permettere l'illuminazione, dall'altro rimane il divario tra la portata e l'intensità della luce emessa, imputabile alle caratteristiche materiche del diffusore. E' stato ipotizzato dalla Fejfer che una piccola fiamma fosse posizionata al centro, piuttosto che sui beccucci: in effetti, nei lampadari da Fianello Sabino, i becchi non sono funzionali, non sono forati e mostrano all'estremità un incavo poco profondo a occhio, che potremmo semmai pensare destinato ad accogliere una candela (realizzata con combustibile più o meno pregiato: grasso, cera etc.) o, meno probabilmente, una lucerna secondo quanto attestano alcuni candelabri in marmo. Sono pezzi indubbiamente impegnativi sotto l'aspetto manifatturiero, destinati ad un arredo di prestigio; tuttavia, non lo sono sotto quello funzionale nel senso di efficaci diffusori di luce. Le analisi condotte di recente sulla base delle lucerne fittili rinvenute in contesto (e faccio riferimento agli studi di Dorina Mollou[29]) permettono di quantificare il grado d'intensità e la portata della luce artificiale e dunque il tipo di attività che, negli spazi domestici, potevano essere svolte in notturna. Quanto a queste attività potessero contribuire o meno i lampadari in marmo è uno degli aspetti da valutare in considerazione, come già detto, della qualità sia del materiale in cui è realizzato il diffusore sia del combustibile impiegato: aspetti che tendono a sottolinearne il carattere di costoso ornamento e che, in disgiunzione con le sperimentazioni che il modern design applica agli odierni, raffinati diffusori in marmo, marca ulteriormente la distanza tra la concezione stessa dell'illuminazione di un sistema preindustriale rispetto ad uno industriale, peraltro dotato di multiple fonti di illuminazione.[30]

Note

Ricerca condotta nell'ambito del PRIN 2015 – *Luce crea Luce* (2015PX7BEY), Unità Operativa dell'Università degli studi di Urbino Carlo Bo.

1 Ridgway 2005: questo processo è innescato dalle superbe creazioni crisoelefantine fidiache e post-fidiache, in seguito ampliato con l'uso di brillanti pietre semipregiate com'è il caso della statua di Arsinoe II, realizzata in un enorme blocco di olivina, proveniente da Citis (verosimilmente l'isola di St. John presso la costa egiziana: Plin. nat. 37, 109).

2 Stupperich 2012.

3 Cicerone (In Verrem, IV, 28) riferisce che il prezioso candelabro cadde nelle mani avide di Verre.

4 Cain 1994.

5 Cain 1985, 13–22. La sussidiarietà della lucerna è un elemento che emerge con evidenza tanto dalle pitture quanto dai rilievi: Cain 1985, tav. 2, figs. 1–5.

6 Cain – Dräger 1994.

7 Vorster 1998, 17–19. 53–59.

8 Vale ancora Becatti 1951.

9 Hilscher Ehlert 1994.

10 Rispettivamente, Vorster 1998, 49–52. 72, nn. 41–46; cfr. Barr Sharrar 1994, 639–642, figs. 5–16.

11 Dwyer 1981, 280, n. 97, tav. 101,1.

12 Riflessi di Roma 1997, 82, n. 30 (M. Cima); Fejfer – Melandeer 2003, 136, n. H 1485.

13 Scrinari 1972, 203, n. 645.

14 Dwyer 1981, 270, n. 35, tav. 101,2.

15 Brandizzi Vitucci 1983, 51 s., n. 136, tav. XIV, 69; 52, n. 138, tav. XIV, 68.

16 Carinci et al. 1990, 87 s., n. 27 (L. Musso). Qui viene citato un altro esemplare, ora disperso, da Palestrina.

17 Piranomonte 2007, 100.

18 Sinn 2006, 163 s., n. 57, tav. 44,1–2; 165, n. 58, tav. 45,1.

19 Fuchs 1987, 117, n. A IV c 9, tavv. 59. 7. 60, 1–3; 147–149; 60 nota 16.

20 Howland 1958, 128; Bailey 1975, 39, n. Q 37 bis tav. 209.

21 Howland 1958, n. 371.

[22] Santucci 2019
[23] PPM III, 702, figs. 53. 54.
[24] PPM VI, 118, fig. 152.
[25] Salvadori 2017, 192 s.
[26] Wotton 1999.
[27] Colantonio 2015, 131.
[28] EAD 1970.
[29] Mollou 2015, 207–210.
[30] Come indicato in questo volume da Massimo Zammerini.

Indice delle figure

Fig. 1: Vorster 1998, tav. 37. – Fig. 2: Vorster 1998, tav. 39. – Fig. 3: Vorster 1998, tav. 44. – Fig. 4. Vorster 1998, tav. 38,1. – Fig. 5: Vorster 1998, tav. 38,2.

Bibliografia

Bailey 1975
D.M. Bailey, A Catalogue of the Lamps in the British Museum I, Greek, Hellenistic, and Early Roman Pottery Lamps (London 1975).

Barr Sharrar 1994
B. Barr Sharrar, The Bronze Lamps, in: Hellenkemper Salies 1994b, 639–654.

Becatti 1951
G. Becatti, Arte e gusto negli scrittori latini (Milano 1951).

Brandizzi Vitucci 1983
P. Brandizzi Vitucci, La collezione Lanza nella tenuta della Falcognara, Cataloghi dei Musei Locali e delle Collezioni del Lazio, 5 (Roma 1983).

Cain 1985
H.U. Cain, Römische Marmorkandelaber (Mainz 1985).

Cain 1994
H.U. Cain, Die Marmorkandelaber, in: Hellenkemper Salies 1994b, 239–257.

Cain – Dräger
H.U. Cain – O. Dräger, Die sogenannten neuattischen Werkstätten, in: Hellenkemper Salies 1994b, 809-829.

Carinci et al. 1990
F. Carinci – H. Keutner – L. Musso – M.G. Picozzi, Catalogo della Galleria Colonna in Roma. Sculture (Roma 1990).

Colantonio 2015
M. Colantonio, Λύχνος: istruzioni per l'uso, in: Micheli – Santucci 2015, 127–135.

Dwyer 1981
E.J. Dwyer, Pompeian Oscilla Collections, RM, 88, 1981, 247–306.

EAD 1970
Exploration archéologique de Délos. 27, L'Ilot de la Maison des comédiens (Paris 1970).

Fejfer – Melander 2003
J. Fejfer – T. Melander, Thorvaldsen's Ancient Sculptures. A Catalogue of the Ancient Sculptures in the Collection of Bertel Thorvaldsen, Thorvaldsens Museum (Copenhagen 2003).

Fuchs 1987
M. Fuchs, Untersuchungen zur Ausstattung römischer Theater in Italien und den Westprovinzen des Imperium Romanum (Mainz 1987).

Hellenkemper Salies 1994a
G. Hellenkemper Salies (ed.), Das Wrack. Die antike Schiffsfund von Mahdia. Catalogo della mostra Bonn 1 (Köln 1994).

Hellenkemper Salies 1994b
G. Hellenkemper Salies (ed.), Das Wrack. Die antike Schiffsfund von Mahdia. Catalogo della mostra Bonn 2 (Köln 1994).

Hilscher Ehlert 1994
F. Hilscher Ehlert, Beobachtungen zu den Ranken der Marmorkratere, in: Hellenkemper Salies 1994a, 285–290.

Howland 1958
R.H. Howland, Greek Lamps and their Survivals, AA 4 (Princeton 1958).

Micheli – Santucci 2015
M.E. Micheli – A. Santucci (eds.), Lumina. Convegno Internazionale di Studi Urbino 5–7 giugno 2013 (Pisa 2015).

Mollou 2015
D. Mollou, Lighting Night-time Activities in Antiquity, in: Micheli – Santucci 2015, 199–212.

Piranomonte 2007
M. Piranomonte, Il giardino romano degli Horti Sallustiani: nuovi ritrovamenti, in: G. Di Pasquale – F. Paolucci (eds.), Il giardino antico da Babilonia a Roma. Scienza, arte e natura. Catalogo della mostra Firenze (Livorno 2007) 98–101.

PPM
Pompei. Pitture e mosaici, I-X (Roma 1990-2003).

Ridgway 2005
B.S. Ridgway, Cult Images and Their Media, in: J. Barringer – J. Hurwit (eds.), Periclean Athens and Its Legacy: Problems and Perspective (Austin 2005) 111–118.

Riflessi di Roma 1997
Riflessi di Roma. Impero romano e barbari del Baltico. Catalogo della mostra Milano (Roma 1997).

Salvadori 2017
M. Salvadori, Horti picti. Forma e significato del giardino dipinto nella pittura romana, Antenor Quaderni 36 (Padova 2017).

Santucci 2019

A. Santucci, Narrare l'illuminazione. Considerazioni sul repertorio letterario e iconografico del mondo greco e romano, in: L. Chrzanovski (ed.), Greek, Roman and Byzantine Lamps from the Mediterranean to the Black Sea, Acts of the 5th International Lychnological Congress (Lumen! Sibiu 15th–19th September 2015), In Memory of Dorin Alicu, Monographies Instrumentum 63 (Drémil Lafage 2019) 256–271.

Scrinari 1972

V.S.M. Scrinari, Museo Archeologico di Aquileia. Catalogo delle sculture romane (Roma 1972).

Sinn 2006

F. Sinn, Vatikanische Museen. Museo Gregoriano Profano ex Lateranense. Katalog der Skulpturen III. Reliefgeschmückte Gattungen römischer Lebenskultur. Griechische Originalskulptur. Monumente orientalischer Kulte, Monumenta Artis Romanae 33 (Wiesbaden 2006).

Stupperich 2012

R. Stupperich, Kallimachos'Golden Lamp, in: L. Chrzanovski (ed.), Le luminaire antique: lychnological acts 3. Actes du 3e congrès international d'études de l'ILA, Université d'Heidelberg, 21–26 novembre 2009 (Montagnac 2012) 337–339.

Vorster 1998

C. Vorster, Die Skulpturen von Fianello Sabino. Zum Beginn der Skulpturenausstattung in römischen Villen, Palilia 5 (Wiesbaden 1998).

Wotton 1999

G.E. Wotton, A Mask of Attis Oscilla as Evidence for Theme of Pantomime, Latomus 58, 1999, 314–335.

Olio per lucerne.
Contesti di studio nella Puglia di età romana

Custode Silvio Fioriello

Abstract

The systematic collection made here for the first time pertains to the literary, epigraphic and archaeological sources relating to olive cultivation and olive oil production in Apulia in the Roman period. It allows us to reconstruct a well-structured and productive framework. Furthermore, the comparison with the solid data relevant to the entire regional area allows for the hypothesis of a specialized olive oil chain also in the production of fuel oil. The synoptic analysis of the collected data draws an economic profile of integration between agricultural and artisanal productions. It then outlines a multifaceted landscape, far from the historiographical stereotypes that link *Apulia et Calabria* to the Cicero's image of the region as *inanissima pars Italiae* (Cic. Att. 8, 3, 2). It also provides interesting prospects for the continuation of research in the field of eco-sustainable valorisation and the inclusive communication of the results achieved.

Il contributo intende proporre alcune considerazioni preliminari sull'olivicoltura e sulla produzione, commercializzazione e consumo di olio d'oliva nell'attuale comparto pugliese in età romana, dunque tra lo sfaldamento degli *ethne* dell'area iapygia e la provincializzazione della *regio secunda* (III secolo a.C. – III secolo d.C).[1] Progetti analoghi, ancorati a un orizzonte mediterraneo,[2] risultano avviati anche in altri contesti d'Italia e mostrano le potenzialità dei dati desumibili dall'analisi di coltura e cultura elaicole sia nell'ottica della ricostruzione dei paesaggi agrari, delle tecniche di produzione e dei traffici commerciali,[3] sia nella prospettiva della conservazione e valorizzazione del patrimonio rurale, dello sviluppo sostenibile e dell'innovazione tecnologico-produttiva.

"Di solito carovane di asini vengono formate dai mercanti, come quelli che dal Brindisino e dalla Puglia trasportano al mare a dorso d'asino olio e vino e parimenti grano o altri prodotti".[4] Il celebre passo varroniano registra le principali derrate prodotte in Apulia e in Calabria sullo scorcio del I secolo a.C. e trasportate a dorso di asini verso i maggiori porti dell'Adriatico. La produzione, il commercio e il consumo dell'olio d'oliva, edule e lampante, rappresentano per la regione uno dei più importanti elementi dell'economia locale, come peraltro suggerisce – pur con la dovuta e prudente mediazione indotta dalle differenze spazio-temporali – la persistenza dell'olivicoltura in Puglia e la forte caratterizzazione in tal senso del paesaggio rurale regionale.[5]

Se il consumo di olive provenienti da olivastri è documentato in Puglia già a partire dal XV secolo a.C.,[6] più tarde sono le testimonianze relative a domesticazione e coltura olivicole:[7] ma solo col processo di romanizzazione e di vasta urbanizzazione, avviato nell'Italia sudorientale dalla fine del IV secolo a.C. e perfezionato col *bellum sociale*, l'olivicoltura nonché il commercio e il consumo d'olio conoscono un significativo incremento.[8] Tra IV e III secolo a.C., Teofrasto (c. plant. 5, 10, 3) e Leonida (Anth. Pal. 6, 300) menzionano olivi a Taranto e nella *chora* e, ancora alla fine del I secolo a.C., Orazio vi fa riferimento, ricordando la qualità delle olive che nulla hanno da invidiare a quelle del *Venafranum* (Hor. carm. 2, 6, 10–19; Porph. Hor. comm. *ad l. c*). Oliveti sono documentati in Messapia e Daunia, secondo Dionigi di Alicarnasso (Dion. Hal. ant. 1, 37, 3) che lascia intuire la pregevole qualità e delle piante e dei loro frutti, quindi dell'olio che se ne ricava. È possibile isolare almeno due qualità di olive 'pugliesi' ben apprezzate: la *Sallentina*, oliva da tavola di colore scuro e di piccole dimensioni (Cato agr. 6, 1, ripreso da Varro rust. 1, 24; Plin. nat. 20; Mac. Sat. 3, 20, 6), e la *Calabra*, assimilabile al frutto dell'oleastro e indicata per la preparazione della *samsa* (Colum. 12, 51, 3).

Le trasformazioni occorse nella gestione e nello sfruttamento delle campagne e nelle dinamiche insediative e produttive, il potenziamento della viabilità extraurbana, il nascente protagonismo 'imprenditoriale' di élite locali e allogene – in fase con l'espansione romana nell'Oriente mediterraneo – decretano la crescita economica e demografica e favoriscono in taluni comparti il passaggio dal piccolo arboreto familiare, che dovette continuare a sopravvivere, alla coltura specializzata dell'olivo – e della vite – spesso assai estesa e connessa a proprietà fondiarie medio-grandi assimilabili al tipo della *villa*[9]. La rilevante produzione olearia apula sembrerebbe confermata già sullo scorcio del II secolo a.C. dalla dedica posta, intorno al 100 a.C., dagli [ἐλαι]οπῶλαι italici a Delo, se in un *olearius* originario di *Azetium*, nella Puglia centrale, va riconosciuto Εἰρηναῖος τοῦ Ζωΐλου Ἀζώτιος, componente un'associazione commerciale costituita da commercianti italici di olio,[10] che dedicarono il *naós* e la statua di culto di Eracle, curandone il restauro qualche anno più tardi.[11] Il radicamento dell'olivicoltura nell'economia e nel tessuto sociale della Puglia nella piena età romana è rivelato da un altro importante documento epigrafico, ora perduto, ma visto nel XVI secolo nel territorio di *Ausculum*. L'iscrizione parla dell'attività (fine II–III secolo d.C.) di un *collegium* di raffinatori oleari, *capulatores*, che operava a *Herdonia*, ovvero – secondo altre ipotesi – a *Aecae* o, senza elementi cogenti, ad *Ausculum*, e che offrì una statua cittadina al benefattore della loro officina.[12]

Quanto alle evidenze archeologiche (fig. 1; tab. 1), gli indicatori variano dalle installazioni fisse ai reperti mobili. Per quanto riguarda le prime, accanto ai vani per la produzione bisogna annoverare gli attrezzi utilizzati nel ciclo manifatturiero: tuttavia se l'identificazione di un torchio, riconoscibile per il rinvenimento di alloggiamenti per travi, contrappesi, *arae* (ovvero lo spazio circolare in cui venivano accatastate le *fiscinae*) può indifferentemente indicare un impianto vinicolo o oleario, dirimente risulta, invece, l'individuazione della base del torchio ad albero con gli incassi quadrangolari per l'alloggio dei sostegni in legno (*lapis pedicinus*), della piastra circolare scanalata che fungeva da supporto ai fiscoli da sottoporre a schiacciamento e della mola per la frangitura delle olive, che spesso non sopravvive all'impianto per essere reimpiegata altrove.[13]

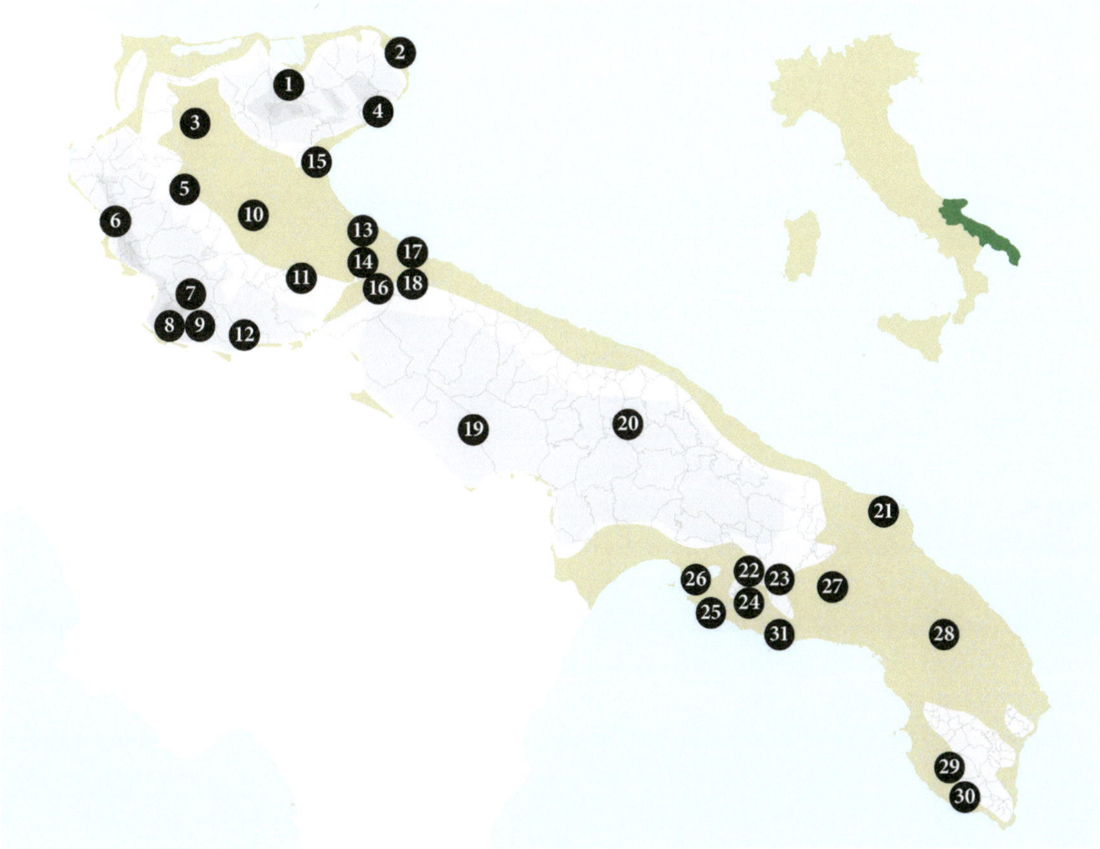

Fig. 1: Puglia, cartografia schematica: insediamenti di età romana legati alla filiera produttiva dell'olio d'oliva. I numeri si riferiscono alla seriazione dei siti censiti *infra* nella Tab. 1.

Più articolata è la tipologia degli indicatori mobili: i contenitori da trasporto, in particolare le anfore, restituiscono informazioni su stoccaggio, conservazione e commercio e costituiscono una fonte diagnostica anche per la definizione delle dinamiche di produzione dell'olio apulo-calabro e delle modalità della sua circolazione in contesti extraregionali lungo rotte mediterranee, non solo adriatiche.[14] Le anfore commerciali possono aiutare a tracciare la circolazione panmediterranea dell'olio e del vino prodotti nei comprensori della Puglia romana, com'è evidente per il grande *fundus*, monocentrico e polinucleato, indagato nell'area di Brindisi-Apani/Giancola, dove si sviluppa alla fine del II e recede nel I secolo a.C. una intrapresa capace di conciliare *in situ* produzione agraria e manifattura anforaria.[15] Nondimeno, emergono *quaestiones* di ardua soluzione, legate ai contenitori che trasportavano le derrate, soprattutto liquide, prodotte dall'età tardorepubblicana, e poi ancora nei secoli successivi, in altre zone della Puglia nelle quali mancano a tutt'oggi *figlinae* anforarie. Converrà così non concentrasi su un'esclusiva ottica 'anforocentrica' e semmai supporre l'uso di altri *instrumenta*, ben commessi in materiale anche diverso dalla ceramica, e forse deperibile, peraltro noti alle fonti.[16] Interessanti sono altresì le *ollae perforatae*, utilizzate nella tarda età repubblicana per un'arboricoltura intensiva: i fori posti nella parte inferiore favorivano lo sviluppo delle radici[17] come si riscontra in un contesto attestato a Taranto (tab. 1.26). Più rari emergono sul terreno i segni di coltivazione come quelli individuati presso Passo di Corvo (tab. 1.10), dove è plausibile ricostruire un *oletum* di ca. mq 7.500.[18]

Coerenza e coesione documentarie hanno suggerito di fondare il censimento sull'edito – scontando la disomogeneità del dato disponibile – e di non registrare contesti cui sembrano mancare indicatori cogenti.[19] Il quadro delineato lascia così riconoscere 31 ambiti perspicui: 18 nella parte settentrionale della Puglia, 2 in quella centrale e 11 nella meridionale; 20 rientrano nel periodo compreso fra II–I secolo a.C. e II–III secolo d.C., così in 11 casi si stimano sopravvivenze fino al Tardoantico, a confermare la connessione tra la romanizzazione della regione e l'affermazione della coltura intensiva olivicola; in un caso l'impianto appare di esclusiva pertinenza all'età tardoantica. Soltanto per 4 contesti la documentazione restituita è ancorabile a età imperiale, mentre per 5 è possibile una generica datazione a età romana. Il 64% dei contesti è costituito da installazioni fisse e da strutture per la lavorazione dell'olio (11 a nord, 2 al centro e 7 a sud): la restante parte è indiziata da reperti mobili (macine e frammenti di *trapeta*).

Per quanto pertiene le installazioni fisse, si conservano vani destinati ad accogliere il *torcularium*, indiziato sia dall'*ara* e dalla base degli *arbores* che sostenevano il *prelum* (tab. 1.11. 12), sia dai fori praticati nel pavimento per il suo alloggiamento (tab. 1.13) ovvero dalle impronte delle basi (tab. 1.23). Più numerose le vasche funzionali alle diverse fasi di lavorazione: per contenere la pasta delle olive ottenuta dalla molitura (tab. 1.2), per la sedimentazione dell'olio (tab. 1.4–5. 13) e per la sua separazione dall'acqua per differenza di peso specifico (tab. 1.4. 8. 16). In un caso si conservano strutture per la molitura delle olive (tab. 1.11) nonché (tab. 1. 2. 16) ambienti per lo stoccaggio dell'olio – e di prima e di seconda scelta –, conservato nella *cella* dei *dolia*, di solito segnati dal numero progressivo impresso sull'orlo.

Proprio il novero di anfore conservate, o che presumibilmente la *cella* poteva contenere, insieme alle dimensioni delle vasche e del *lacus olearius*, consente di ipotizzare per alcuni contesti l'entità della produzione e l'estensione dell'*oletum*, congetturando – sulla base della produttività media stimata dalle fonti per gli olivi italici – che in una piantagione ben curata una pianta potesse garantire fino a ca. 5 litri di olio: la stima delle quantità di olive prodotte poteva variare da 3 ad addirittura 60 quintali per ettaro in base a numerose varianti quali età, dimensione e distanza di piantumazione degli alberi, e poi fertilità del suolo, grado di insolazione, apporto idrico.[20]

Sulla base di questi dati e delle indicazioni desumibili dagli scrittori *de re rustica* sulla distanza tra i filari delle piante, nel comprensorio considerato sembra plausibile ricostruire tre 'profili' insediativi e produttivi. Il primo, riconoscibile nell'impianto di Brindisi-Giancola entro la prima metà del I secolo a.C. (tab. 1.21), si caratterizzerebbe

N.	SITO	INDICATORE		CRONOLOGIA	BIBLIOGRAFIA
		INSTALLAZIONI	REPERTI MOBILI		
1	Cagnano Varano-Piano di Carpino		✓	Genericamente età romana	Volpe 1990, 206 n. 422; Grelle et al. 2017, 287 s., fig. 107
2	Vieste-Santa Maria di Merino	✓		Età tardorepubblicana-tardoantica	Volpe 1990, 198–200 n. 411; Volpe 1996, 392 n. 133; Lippolis 1997, 123–126
3	San Severo-Casone	✓		Età tardorepubblicana	Volpe 1990, 125 n. 130; Volpe 1996, 381 n. 22
4	Mattinata-Agnuli	✓		I sec. a.C.–II sec. d.C.	Volpe 1990, 183–196 n. 402; Volpe 1996, 392 n. 132; Lippolis 1997, 130–132; Brun 2004b, 27–30
5	Lucera-Nocelli	✓		II sec. a.C.–inizi I sec. d.C.	Volpe 1990, 127 s. n. 153
6	Alberona-Masseria Marucci		✓	Genericamente età romana	Marcantonio 2002, 243–257
7	Bovino-Masseria Rota-San Lorenzo		✓	Età primo–imperiale	Volpe 1990, 139 n. 222; Volpe 1996, 273
8	Bovino-Casalene	✓		Prima età augustea–tardoantica	Volpe 1990, 140 s. figs. 91.93.94; Volpe 1996, 222–224. 383 n. 41 figs. 89. 90; Corrente 2012; Corrente et al. 2014; Grelle et al. 2017, 284–287 fig. 105
9	Panni-La Serra	✓		Età tardoantica	Maulucci – Mastroiorio 2010
10	Foggia-Passo di Corvo	✓		Età tardorepubblicana	Tiné 1983, 43; Grelle et al. 2017, 319
11	Ordona-Posta Crusta	✓		II sec. a.C.–età tardoantica	Volpe 1990, 130–132 n. 167; Volpe 1996, 381 n. 24; Lippolis 1997, 97–99 note 64, 66; Leone 2000; Brun 2004a, 171 s.; Brun 2004b, 27–29; Grelle et al. 2017, 272–274. fig. 96
12	Sant'Agata di Puglia-Pezza del Tesoro	✓		I–II sec. d.C.	Andreassi 2006, 779; Rossi 2004/2005
13	Trinitapoli/Salapia-San Vito	✓		II–I sec. a.C.	Volpe 1990, 174–182 n. 390; Lippolis 1997, 97 s. nota 65; Grelle et al. 2017, 282 s.
14	San Ferdinando di Puglia-Villa Gianotti		✓	Età imperiale e tardoantica	Volpe 1990, 173 n. 375; Volpe 1996, 272 s. fig. 110; Goffredo 2011, 214 n. SF5
15	Manfredonia-Siponto		✓	Genericamente età romana	Volpe 1990, 64
16	Canosa-La Minoia	✓		I sec. a.C.–VI sec. d.C.	Volpe 1990, 162–168 n. 340; Volpe 1996, 389 n. 103; Goffredo 2011, 224 s. n. CAN9–10 fig. 7
17	Barletta-Palombara		✓	Età imperiale e tardoantica	Volpe 1990, 171 n. 365; Volpe 1996, 391 n. 122; Goffredo 2011, 220 n. BAR7
18	Barletta-Canne		✓	Genericamente età romana	Volpe 1990, 64; Volpe 1996, 272 s. nota 84; Goffredo 2011, 221 s. n. BAR12
19	Gravina in Puglia-Botromagno ('sito CA')	✓		II sec. a.C.	Mangiatordi 2011, 202 s. n. 40
20	Acquaviva delle Fonti-Malano	✓		II–IV sec. d.C.	De Santis et al. 1999; Mangiatordi 2011, 260–262 n. 102
21	Brindisi-Giancola		✓	Fine II–I sec. a.C.	Aprosio 2008; Acquaviva – Cambi 2010, 100 s.; Manacorda – Pallecchi 2012, 409–424, 517–546; Grelle – Silvestrini 2013, 196–198. 210–212; Palazzo 2013; Grelle et al. 2017, 203–212. 290–296
22	Grottaglie-Oliovitolo	✓		IV–I sec. a.C.	Alessio 2001, figs. 65. 66; De Mitri 2010, 56 n. 25
23	Grottaglie-Angiuli	✓		Età imperiale	De Mitri 2010, 56 n. 26
24	Grottaglie-Vicentino	✓		Età romana, fino al III sec. d.C.	Alessio 2002/2003, figs. 126–132
25	Taranto/Talsano-Pizzariello	✓		Età tardorepubblicana–IV sec. d.C.	De Mitri 2010, 62 n. 64
26	Taranto-Ospedale SS. Annunziata		✓	Età tardorepubblicana	Dell'Aglio 1990, tav. CCX. 2
27	Oria-Masseria Salinelle		✓	Età ellenistica–tardoantica	De Mitri 2010, 69 n. 109
28	Lecce-Piazzetta S. Castromediano	✓		II–I sec. a.C.–III sec. d.C.	Tondo – Polito 2002/2003; De Mitri 2010, 84–87 n. 216; Pecci – D'Andria 2014
29	Ugento-Terenzano	✓		Età tardorepubblicana-tardoantica	De Mitri 2010, 102 n. 294; Guaitoli et al. 2012, 92 s. nn. 149–153.158.159.161.162
30	Ugento-Masseria Villa		✓	Età ellenistica–tardoantica	De Mitri 2010, 102 n. 297; Guaitoli et al. 2012, 83 s. 86 nn. 105–108.110.112.113.124
31	Torricella-Palma	✓		Genericamente età romana	De Mitri 2010, 64 n. 83

Tab. 1: Tabella degli insediamenti nella Puglia di età romana legati alla filiera produttiva dell'olio d'oliva. Per ogni contesto si individuano sito, indicatore, cronologia e bibliografia di riferimento.

per le grandi dimensioni dell'*oletum* – tra 160 e 200 ettari, postulando interfilari di 30 piedi, ovvero di 110 ettari, se la distanza tra i filari fosse pari a 25 piedi –, dunque per il grande numero di piante – circa 20.000 – e quindi per l'abbondante produzione di olio – pari a circa 100.000 litri, poco meno di 200 *cullei*, giacché un *culleus* equivale a 520 litri –, utile al proprietario del *fundus* per riempire il carico di una o due navi mercantili.[21]

Il secondo schema, identificabile con l'insediamento di Mattinata-Agnuli (tab. 1.4), segnerebbe dimensioni più modeste, considerando che la *cella* avrebbe contenuto, nel primo periodo di attività (I secolo a.C. – II secolo d.C.), tra 50 e 80 *dolia*, che la capacità di un *dolium* sarebbe pari a 1.050 litri di olio, ca. 2 *cullei*,[22] e che nelle vasche individuate sarebbero stati raccolti complessivamente 22.000 litri di olio, circa 42,5 *cullei*, sia di prima sia di seconda scelta. Sulla base di questi dati, è plausibile supporre che il *fundus* contenesse tra 10.400 e 16.640 olivi e che dunque l'*oletum* fosse esteso per una superficie compresa fra ca. 58 e 91 ettari, ovvero fra 230 e 361 iugeri (1 *iugerum*=ca. mq 2520). Le dimensioni ipotizzate dell'*oletum* di Mattinata-Agnuli e la sua capacità produttiva corrisponderebbero al 'modello' catoniano (agr. 10, 1) dell'*oletum* di 240 iugeri, dotato di 5 torchi.

Un altro passo di Catone (agr. 3, 5) definisce gli apprestamenti appannaggio di un *oletum* di 120 iugeri (tra cui due torchi) e consente di ritenere che il contesto di Vieste-Santa Maria di Merino (tab. 1.2), dotato di un torchio, rappresenti il sistema insediativo e produttivo più piccolo: avrebbe avuto un *oletum* esteso su 10–15 ettari, cioè su 40–60 *iugera*, con un numero di piante compreso fra 1.700 e 2.600 e una produzione olearia che sarebbe potuta oscillare fra 6.000 e 13.000 litri di olio, cioè fra 11 e 25 *cullei*.

Nonostante la differente capacità produttiva dei livelli riscontrati, si congettura che in tutti e tre i contesti l'olio non dovesse essere utilizzato solo per l'autoconsumo, ma che il *surplus* fosse destinato al mercato di piccolo raggio (Vieste-Santa Maria di Merino), nonché di media e ampia scala (Mattinata-Agnuli, Brindisi-Giancola). Il dato autorizzerebbe nuove prospettive di ricerca sui paesaggi della Puglia in età romana, confermando la coesistenza di grandi centri insediativi e produttivi attorno ai quali gravitano piccoli nuclei demici non completamente autosufficienti, e sostenendo così l'immagine di un paesaggio monocentrico e polinucleato.[23] Interessante è inoltre che nei tre contesti l'olivicoltura non fosse esclusiva, ma che oltre all'*oletum* il *fundus* dovesse accogliere altre colture – necessarie per l'alimentazione della manodopera e per lo svolgimento delle attività integrative o secondarie – come vigneti, campi a cereali, aree a pascolo e ad incolto produttivo, rientrando così nei canoni delle prescrizioni degli *scriptores de re rustica* sul tema della '*villa* classica'.

Soltanto per 8 contesti è verificabile la sopravvivenza delle installazioni produttive in età tardoantica (tab. 1. 2. 11. 14. 16. 17. 27. 29. 30), sebbene l'esiguità documentaria non rilevi flessioni e/o mutamenti significativi rispetto all'epoca precedente. A Canosa-La Minoia è certa la ristrutturazione che comporta la riorganizzazione anche produttiva, come attestano la costruzione della seconda vasca, la sistemazione dei *dolia* e la realizzazione dei vani di servizio: se nel periodo I (I secolo a.C. – II secolo d.C.) l'unica vasca contiene ca. 2.500 litri di olio, in seguito (dal III–IV al V–VI secolo d.C.) le due vasche ne contengono il doppio, mentre nel magazzino gli 8 *dolia* (capaci di 2 *cullei*) conservano 8.320 litri.

Quanto alla dislocazione topografica, tutti gli impianti produttivi documentati si collocano in ambiti rurali, talora anche lontani dai *municipia* o dalle (poche) *coloniae* viciniori, a conferma dell'articolazione del paesaggio 'pugliese' in età romana, nel quale i nodi residenziali e produttivi rustici svolgono funzione di 'raccordo' fra città e campagna. Unica eccezione riconoscibile il contesto indagato a *Lupiae* (tab. 1.28): pur collocandosi in un'area periferica rispetto al nucleo pubblico e monumentale della città, prossima al circuito murario e alla porta orientale, la *figlina* non è distante dall'anfiteatro; le notevoli dimensioni della vasca, capace di contenere fino a 8000 litri di olio, suggeriscono per questo contesto manifatturiero delle grandi potenzialità e forse una funzione elaicola 'specializzata' e 'centripeta' rispetto ai prodotti raccolti nei *fundi* circostanti.

Note

Ricerca condotta nell'ambito del PRIN 2015 – *Luce crea Luce* (2015PX7BEY), Unità Operativa dell'Università degli studi di Bari Aldo Moro.

[1] Plin. nat. 3, 5, 46–47.17: Grelle 2005, 135–146; Grelle – Silvestrini 2013; Grelle et al. 2017. Per la Puglia mancano per il periodo considerato la raccolta e le analisi sistematiche della documentazione utile alla ricostruzione del processo di formazione e sviluppo dell'olivicoltura, del riconoscimento dei potenziali indicatori archeologici delle officine elaicole, delle modalità di trasformazione e lavorazione dei frutti, delle dinamiche di diffusione, circolazione e commercio dell'olio nei mercati individuabili su corto, medio e lungo raggio: tematiche avviate con questa ricerca per le quali un riferimento metodologico è offerto dallo studio della 'filiera' vitivinicola in Magna Grecia (Cinquantaquattro – Lombardo 2010). Nell'ambito del PRIN 2015, in riferimento al comprensorio e al periodo indicati, si sta perfezionando l'indagine sulla manifattura di lucerne fittili – presumibilmente a olio – e sulla diffusione di tipi lychnologici importati: l'obiettivo è standardizzare e incrociare i dati ricavati da questi due censimenti, paralleli e convergenti, così da verificare contaminazioni e connessioni tra l'uso di lucerne e la consistenza di una filiera elaicola specializzata anche nella produzione di olio combustibile (in generale, con bibliografia, vd. Vossen 2007; Garnier et al. 2009; Chrzanovski 2013; Lejavitzer 2016). I temi qui affrontati in forma sintetica attingono al lavoro curato con A. Mangiatordi, affidato agli atti della Tavola Rotonda 'Progetto AdriAtlas. AdriAtlas e i paesaggi costieri dell'Adriatico tra Antichità e Altomedioevo' (Bari, 22.–23.05.2017), di prossima edizione a Bordeaux per i tipi di Éditions Ausonius.

[2] Approfondimenti recenti di taglio interdisciplinare sono perfezionati in contesti del bacino mediterraneo, principalmente centro-orientale, per i quali le evidenze archeologiche delineano caratteri e forme dello spazio artigianale (Frankel 1999; Belgiorno 2007; Aydinoğlu – Şenol 2010; Tassaux – Kovačić 2010; Waliszewski 2014; Papi – Bigi 2015).

[3] Pesavento Mattioli – Carre 2009. Imprescindibili la disamina e la prospettiva su tali *quaestiones*, orientate pure sull'Italia antica, in Amouretti – Brun 1993; Brun 2003; Brun 2004a; Brun 2004b; Scheidel et al. 2007.

[4] Varro rust. 2, 6, 5.

[5] Strab. 6, 3, 9 ricorda un'articolata messe di produzioni alimentari vantate dalla Puglia romana, convogliate verso i porti di Siponto e Salapia per sostenere scambi su lunga distanza: Volpe 1990; Volpe 1996; Lippolis 1997; Lippolis 2005; Lippolis 2006a; Grelle et al. 2017, 199 s. 203–215. 292–295; Fioriello – Mangiatordi 2012, 74 s. note 4–9, nonché, per l'olivicoltura nel periodo medievale, Schäfer Schuchardt 1988; Violante 2013. Per uno sguardo al presente vd. ora Milella – Tocci 2002; Mongiello 2017.

[6] Cinquepalmi 1998, 101–124; Fiorentino 1998, 215–220; Brun 2010.

[7] Amouretti – Brun 1993; Foxhall 2007; Scheidel et al. 2007; Brun 2010, 39 s.; Rossiter 2012.

[8] Volpe 1990; Volpe 1996; Grelle 2010, 115-130; Mangiatordi 2011, 31-38; Goffredo 2014, 47-73. Utili pure De Mitri 2010, per l'area salentina, Fioriello 2017, per la porzione centro-meridionale della *Apulia*, Lippolis 2005 e Lippolis 2006a, anche per il Tarantino, nonché Grelle – Silvestrini 2013 e Grelle et al. 2017 sulla meglio nota parte settentrionale della Puglia.

[9] Volpe 1996; Lippolis 2005; Lippolis 2006a; Acquaviva – Cambi 2010; Goffredo 2011; Cambi 2012; Mangiatordi 2011, 99–111 e, in generale, Brun 2003; Brun 2004a; Brun 2004b; Rossiter 2012.

[10] Roussel – Launey 1937, cat. 1713 (= SEG XXXV 1995, 875; SEG LIII.2 2003, 811), su cui da ultima Nocita 2012, 110; Nocita 2014, 80, la quale pure avanza l'ipotesi che il toponimo ricostruibile 'Azotos' possa riferirsi all'omonima città in Palestina o in Caria; Fioriello 2017, 33. 164. Su mercati e mercanti di olio a Delo, nel quadro di scambi che connettono in età tardorepubblicana l'area pugliese e il Mediterraneo centro-orientale, Delorm 1951, 42–50; Panciera 1980; Rauh 1993, 290. 318; Brun – Brunet 1997; Grelle et al. 2017, 144. 147. 207. 281 s.

[11] Roussel – Launey 1937, cat. 1714.

[12] CIL IX 665: Silvestrini 1994; Volpe 1996, 271 s.

[13] Plin. nat. 18, 136. Sugli indicatori archeologici, Brun 2004a; Brun 2004b; Barbieri 2010, 72–73; Vallelonga – Zifferero 2010, 54 s.; Waliszewski 2014, 59–69. 117–266; Papi – Bigi 2015, 23–26. 37–115.

[14] Volpe 1990; Desy 1993; Goffredo 2014; Fioriello 2017, 17–55 e i contributi raccolti in Pesavento Mattioli – Carre 2009; Tassaux – Kovačić 2010; Fioriello 2012.

[15] Aprosio 2008; Acquaviva – Cambi 2010; Manacorda – Pallecchi 2012; Palazzo 2013.

[16] Grelle et al. 2017, 18 s. 203–212. 290–299.

[17] Cato agr. 52, 1–2.

[18] L'assenza di mirate indagini di archeologia agraria esige cautela nel validare le evidenze aerofotografiche che nel Tavoliere hanno di recente restituito tracce di *limitationes* entro cui si dispongono con qualche coerenza trincee per vigneti e fosse d'impianto per olivi: Grelle et al. 2017, 273–280. 319 fig. 98.

[19] Non sono considerate le evidenze in agro di Bovino (località Radogna e Catenazzo: Volpe 1990, 141 n. 231, dove il riferimento va a derrate cerealicole; Volpe 1996, 272 s. 383 n. 383 figs. 113. 114, nota 85); di Ascoli Satriano (villa di Giarnera Grande: Volpe 1996, 274); di Monopoli (Masseria Siri: Carrieri 2000, 67 tav. XXIX; Mangiatordi 2011, 303–305 n. 153 fig. 114).

[20] Dati ottenuti interpolando le indicazioni degli agronomi antichi sul tipo di impianto olivicolo: Cato agr. 6, 1 e 10, 1–3 (modulo di 10 m); Pall. agric. 3, 18 e Colum. 17, 3 (modulo di ca. 20 piedi ovvero colture promiscue con piante spaziate di 45–75 piedi), su cui Mattingly 1993; Mattingly 1994; Acquaviva – Cambi 2010, 100 s.; Cambi 2012; Rossiter 2012; Papi – Bigi 2015, 107–136; Grelle et al. 2017, 319.

[21] Vd. ora Acquaviva – Cambi 2010, 100; Aprosio 2008; Manacorda – Pallecchi 2012; Palazzo 2013; Grelle et al. 2017, 203–212 per gli impianti brindisini sia di Apani/La Rosa, con le figline Aniniana e Vehiliana, sia di Giancola/Marmorelle, con le manifatture di Visellio.

[22] Volpe 1990, 186.

[23] Volpe 1996; Mangiatordi 2011, 123 s. 427 s. 434 s.; Small 2014; Mangiatordi – Fioriello 2015; Fioriello 2017, 17–55; Grelle et al. 2017, 199–325.

Indice delle figure

Fig. 1: elaborazione di C. S. Fioriello, A. Mangiatordi. – Tab. 1: elaborazione di C. S. Fioriello, A. Mangiatordi.

Bibliografia

Acquaviva – Cambi 2010
M.R. Acquaviva – F. Cambi, L'olivicoltura nell'Ager Brundisinus. Elementi per la ricostruzione di un paesaggio tardorepubblicano, in: Barbieri et al. 2010, 85–104.

Alessio 2001
A. Alessio, 35. Grottaglie (Taranto), Oliovitolo, Taras 21, 1, 2001, 102–103.

Alessio 2002/2003
A. Alessio, 33. Grottaglie (Taranto), Masseria Vicentino. 2. Condotta SNAM, Taras 23, 1–2, 2002/2003, 152–155.

Amouretti – Brun 1993
M.-C. Amouretti – J.-P. Brun (eds.), La production du vin et de l'huile en Méditerranée. Oil and Wine Production in the Mediterranean Area. Actes du Symposium International Aix-en-Provence et Toulon, 20–22 Novembre 1991, BCH Suppl. 26 (Athènes 1993).

Andreassi 2006
G. Andreassi, L'attività archeologica in Puglia nel 2005, in: Velia, CMGr 45 (Taranto 2006) 771–805.

Aprosio 2008
M. Aprosio, Archeologia dei paesaggi a Brindisi dalla romanizzazione al Medioevo, Insulae Diomedeae 9 (Bari 2008).

Aragosti 1984
A. Aragosti (ed.), Gaio Plinio Secondo, Storia Naturale. Libro quindicesimo. L'olivo e gli alberi da frutto, traduzione e note (Torino 1984).

Aydinoğlu – Şenol 2010
Ü. Aydinoğlu – A. K. Şenol (eds.), Olive Oil and Wine Production in Anatolia during Antiquity. International Symposium Proceedings of Mersin, 6–8 November 2008 (Istanbul 2010).

Barbieri 2010
G. Barbieri, Frantoi romani fra Toscana e Lazio. Un caso singolare di impianto produttivo nei pressi di Viterbo, in: Barbieri et al. 2010, 71–84.

Barbieri et al. 2010

G. Barbieri – A. Ciacci – A. Zifferero (eds.), Eleiva Oleum Olio. Le origini dell'olivicoltura in Toscana: nuovi percorsi di ricerca tra archeologia, botanica e biologia molecolare. Atti della Giornata di Studi San Quirico d'Orcia-Siena, Palazzo Chigi Zondadari, 8 dicembre 2007 (San Quirico d'Orcia 2010).

Belgiorno 2007

M.R. Belgiorno (ed.), I profumi di Afrodite e il segreto dell'olio. Scoperte archeologiche a Cipro. Catalogo della Mostra Roma (Roma 2007).

Brun 1986

J.-P. Brun, L'oléiculture antique en Provence. Les huileries du département du Var, RANarb Suppl. 15 (Paris 1986).

Brun 2003

J.-P. Brun, Le vin et l'huile dans la Méditerranée antique. Viticulture, oléiculture et procédés de transformation (Paris 2003).

Brun 2004a

J.-P. Brun, Archéologie du vin et de l'huile. De la préhistoire à l'époque hellénistique (Paris 2004).

Brun 2004b

J.-P. Brun, Archéologie du vin et de l'huile dans l'Empire romain (Paris 2004).

Brun 2005

J.-P. Brun, Archéologie du vin et de l'huile en Gaule romaine (Paris 2005).

Brun 2010

J.-P. Brun, Dall'olivastro all'olivo: gli inizi dell'olivicoltura nel bacino occidentale del Mediterraneo, in: Barbieri et al. 2010, 35–47.

Brun – Brunet 1997

J.-P. Brun – M. Brunet, Une huilerie du premier siècle avant J.-C- dans le Quartier du théatre à Délos, BCH 121, 1997, 573–615.

Cambi 2012

F. Cambi, Il paesaggio circostante, in: Manacorda – Pallecchi 2012, 440–446.

Camodeca 2008

G. Camodeca, I ceti dirigenti di rango senatorio equestre e decurionale della Campania romana I (Napoli 2008).

Carrieri 2000

M. Carrieri, 21. Monopoli (Bari), Siri, Taras 20, 1, 2000, 67–68, tav. XXIX.

Chrzanovski 2013

L. Chrzanovski, De Prométhée à la Fée Électricité. Pour une sociologie de l'éclairage à travers les âges, les croyances et les continents (Cluj 2013).

Cinquantaquattro – Lombardo 2010

T.E. Cinquantaquattro – M. Lombardo (eds.), La vigna di Dioniso. Vite, vino e culti in Magna Grecia. Catalogo della mostra Taranto (Taranto 2010).

Cinquepalmi 1998

A. Cinquepalmi, Monopoli, centro storico, in: Cinquepalmi – Radina 1998, 101–124.

Cinquepalmi – Radina 1998
A. Cinquepalmi – F. Radina (eds.), Documenti dell'età del Bronzo. Ricerche lungo il versante adriatico pugliese (Fasano 1998).

Corrente 2012
M. Corrente (ed.), La natura costruita. Identità naturale e storica della villa di Casalene (Monteriggioni 2012).

Corrente et al. 2014
M. Corrente – V. Di Stasi – M. G. Liseno, Stato della ricerca sull'architettura rurale e gli assetti del tardoantico nella Puglia settentrionale, in: P. Pensabene – C. Sfameni (eds.), La villa restaurata e i nuovi studi sull'edilizia residenziale tardoantica. Atti del Convegno Internazionale CISEM, Piazza Armerina 7-10 novembre 2012 (Bari 2014) 381–397.

De Mitri 2010
C. De Mitri, Inanissima pars Italiae. Dinamiche insediative nella penisola salentina in età romana, BARIntSer 2161 (Oxford 2010).

De Santis et al. 1999
P. De Santis – A. Di Zanni – R. Giuliani, Acquaviva delle Fonti (Bari), Malano, Taras 19, 1, 1999, 112–115, tavv. LXVIII-LXIX.

Dell'Aglio 1990
A. Dell'Aglio, 58. Taranto. 4. Ospedale Civile SS. Annunziata, Taras 10, 1, 1990, 412–416.

Delorm 1951
J. Delorm, Héraklès et les Élaiopôlai de Délos, REA 53, 1951, 42–50.

Desy 1993
Ph. Desy, Recherches sur l'économie apulienne au IIe et au Ier siècle avant notre ère, Collection Latomus 221 (Bruxelles 1993).

Fiorentino 1998
G. Fiorentino, Le risorse vegetali, in: Cinquepalmi – Radina 1998, 215–220.

Fioriello 2012
C.S. Fioriello (ed.), Ceramica romana nella Puglia adriatica (Bari 2012).

Fioriello 2017
C.S. Fioriello, 'Poediculorum oppida'. Spazi urbani della Puglia centrale in età romana, Archaeopress Roman Archaeology 23 (Oxford 2017).

Fioriello 2018
C.S. Fioriello, ΕΛΑΙΑ OLEA OLIVA. Coltura dell'olivo e cultura dell'olio d'oliva in Terra di Bari – 'Progetto OLEA'. Ole@exhibition. Schede della mostra Molfetta-Palo del Colle-Bitonto (Bari 2018).

Fioriello – Mangiatordi 2012
C.S. Fioriello – A. Mangiatordi, Coltura e cultura dell'olio d'oliva a Bitonto. Per un progetto di ricerca e di valorizzazione, Studi Bitontini 93-94, 2012, 67–85.

Foxhall 2007
L. Foxhall, Olive Cultivation in Ancient Greece. Seeking the Ancient Economy (Oxford 2007).

Frankel 1999

R. Frankel, Wine and Oil Production in Antiquity in Israel and Other Mediterranean Countries, JSOT/ASOR Monographs 10 (Sheffield 1999).

Garnier et al. 2009

N. Garnier – Ch. Rolando – J. Munk Høtje – C. Tokarski, Analysis of Archaeological Triacylglycerols by High Resolution NanoESI, FT-ICR MS and IRMPD MS/MS: Application to 5th century B.C. – 4th century A.D. Oil Lamps from Olbia (Ukraine), International Journal of Mass Spectrometry 284, 2009, 47–56 (doi:10.1016/j.ijms.2009.03.003).

Goffredo 2011

R. Goffredo, Aufidus. Storia, archeologia e paesaggi della valle dell'Ofanto, Insulae Diomedeae 16 (Bari 2011).

Goffredo 2014

R. Goffredo, Città, insediamenti rurali e paesaggi agrari della Daunia tra le guerre sannitiche e l'età postannibalica, BABesch 89, 2014, 47–73.

Grelle 2005

F. Grelle, Apulia et Calabria: la formazione di un'identità regionale, VeteraChr 42, 2005, 135–146.

Grelle 2010

F. Grelle, La Puglia centrale nel mondo antico: profilo storico, in: L. Todisco (ed.), La Puglia centrale dall'età del Bronzo all'Alto Medioevo. Archeologia e Storia. Atti del Convegno di Studi, Bari–Palazzo Ateneo 15-16 giugno 2009, Archaeologica 157 (Roma 2010) 115–130.

Grelle – Silvestrini 2013

F. Grelle – M. Silvestrini, La Puglia nel mondo romano. Storia di una periferia. Dalle guerre sannitiche alla guerra sociale, Pragmateiai 24 (Bari 2013).

Grelle et al. 2017

F. Grelle – M. Silvestrini – G. Volpe – R. Goffredo, La Puglia nel mondo romano. Storia di una periferia. L'avvio dell'organizzazione municipale, Pragmateiai 29 (Bari 2017).

Guaitoli et al. 2012

M. Guaitoli – B. Pezzulla – G. Scardozzi – G. Occhilupo – A. Petruccioli – C. Montalbano – G. Binetti, Contributo alla conoscenza dei Beni Culturali del territorio di Ugento (Ugento 2012).

Lejavitzer 2016

A. Lejavitzer, Material and Symbolic Uses of Olive Oil in Imperial Rome, Revista Iberoamericana de Viticultura Agroindustria y Ruralidad 3, 8, 2016, 5–22.

Leone 2000

D. Leone, Le ceramiche tardoantiche della fattoria di Posta Crusta, in: G. Volpe (ed.), Ordona X, Scavi e ricerche 12 (Bari 2000) 387–432, 435–436.

Lippolis 1997

E. Lippolis, Fra Taranto e Roma. Società e cultura urbana in Puglia tra Annibale e l'età imperiale Testi, problemi, questioni di archeologia (Taranto 1997).

Lippolis 2005

E. Lippolis, Taranto romana: dalla conquista all'età augustea, in: Tramonto della Magna Grecia, CMGr 44 (Taranto 2005) 235–312, tavv. XIV–XVI.

Lippolis 2006a
E. Lippolis, Aristocrazia romana e italica nelle ville della regio II (Puglia e Irpinia), in: J. Ortalli (ed.), Vivere in villa. Le qualità delle residenze agresti in età romana. Atti del Convegno, Ferrara 10-11 gennaio 2003, Quaderni degli Annali dell'Università di Ferrara. Sezione Storia 3 (Firenze 2006) 43–84.

Lippolis 2006b
E. Lippolis, La fenomenologia archeologica del III sec. a.C.: problemi di metodo e di ricerca, ArchCl 57, 7, 2006, 43–48.

Manacorda – Pallecchi 2012
D. Manacorda – S. Pallecchi (eds.), Le fornaci romane di Giancola, Bibliotheca Archaeologica 27 (Bari 2012).

Mangiatordi 2011
A. Mangiatordi, Insediamenti rurali e strutture agrarie nella Puglia centrale in età romana, Bibliotheca Archaeologica 23 (Bari 2011).

Mangiatordi – Fioriello 2012
A. Mangiatordi – C. S. Fioriello (eds.), ΕΛΑΙΟΝ OLEVM OLIO. Coltura e cultura dell'olio d'oliva in età romana. Catalogo della mostra Andria (Bari 2012).

Mangiatordi – Fioriello 2015
A. Mangiatordi – C. S. Fioriello, Per una storia economica e sociale della Puglia centrale in età romana, in: Y. Marion – F. Tassaux (eds.), AdriAtlas et l'histoire de l'espace adriatique du VIe s. a.C. au VIIIe s. p.C. Actes du colloque international, Roma 4–6 novembre 2013, Ausonius Scripta Antiqua 79 (Bordeaux 2015) 337–375.

Marcantonio 2002
M. Marcantonio, Note sul territorio di Alberona in provincia di Foggia, in: L. Quilici – S. Quilici Gigli (eds.), Urbanizzazione delle Campagne nell'Italia antica, Atlante Tematico di Topografia Antica 10 (Roma 2002) 243–257.

Mattingly 1993
D.J. Mattingly, Maximum Figures and Maximizing Strategies of Oil Production? Further Thoughts on the Processing Capacity of Roman Olive Presses, in: Amouretti – Brun 1993, 483–498.

Mattingly 1994
D.J. Mattingly, Regional Variations in Roma Oleoculture: Some Problems of Compenetrability, AnalRom Suppl. 22 (Rome 1994) 91–106.

Maulucci – Mastroiorio 2010
F.P. Maulucci – M. Mastroiorio, Panni (Foggia), La Serra, in: A. Alessio – M. Giorgio – T. Schojer – D. Venuturo (eds.), Notiziario delle attività di tutela 2004/2005 I 1–2 (Taranto 2010) 224–227.

Milella – Tocci 2002
M. Milella – M. Tocci (eds.), Dalla pianta al banchetto. Mito, Arte e Storia sulle strade dell'Olio e del Vino in Puglia. Catalogo della mostra Andria-Castel del Monte (Lecce 2002).

Mongiello 2017
C. Mongiello, In nome dell'olio italiano, Tools (Campobasso 2017).

Nocita 2012

M. Nocita, Italiotai e Italikoi. Le testimonianze greche nel Mediterraneo occidentale, Hesperia 28 (Roma 2012).

Nocita 2014

M. Nocita, «Scontri di civiltà» per il mercato a Delo, ὅρμος. Ricerche di Storia Antica 6, 2014, 71–89.

Palazzo 2013

P. Palazzo, Le anfore di Apani (Brindisi) (Roma 2013).

Panciera 1980

S. Panciera, Olearii, MemAmAc 36, 1980, 235–259.

Panciera 2006

S. Panciera, Miscellanea storico-epigrafica II, Epigraphica 24, 1–4, 1962, 78–105 = Epigrafi, epigrafia, epigrafisti. Scritti vari e inediti (1956-2005) (Roma 2006) 618–619.

Pani 1976

M. Pani, La distribuzione delle tribù in Apulia e Calabria dopo la guerra sociale, RicStBrindisi 9, 1976, 119–132.

Pani 1979

M. Pani, Economia e società in età romana, in: G. Musca (ed.), Storia della Puglia I. Antichità e Medioevo (Bari 1979) 99–124.

Papi – Bigi 2015

E. Papi – L. Bigi, Oliva revixit. Oleifici, frantoi e torchi di Atene dall'antichità al periodo turco, SATAA. Studi di archeologia e di topografia di Atene e dell'Attica 9 (Paestum 2015).

Pecci 2010

A. Pecci, Olio e oli: le analisi dei residui organici nelle ceramiche, in: Barbieri – Ciacci – Zifferero 2010, 213–228.

Pecci – D'Andria 2014

A. Pecci – F. D'Andria, Oil Production in Roman Times: Residue Analysis of the Floors of an Installation in Lecce (Southern Italy), JASc 46, 2014, 363–371.

Pesavento Mattioli – Carre 2009

S. Pesavento Mattioli – M.-B. Carre (eds.), Olio e pesce in epoca romana. Produzione e commercio nelle regioni dell'Alto Adriatico. Atti del Convegno, Padova 16 febbraio 2007, Antenor Quaderni 15 (Roma 2009).

Rauh 1993

N.K. Rauh, The Sacred Bonds of Commerce. Religion, Economy and Trade Society at Hellenistic Roman Delos (Amsterdam 1993).

Rossi 2004/2005

F. Rossi, Sant'Agata di Puglia (Foggia), Pezza del Tesoro, in: A. Alessio – M. Giorgio – T. Schojer – D. Venuturo (eds.), Notiziario delle attività di tutela 2004/2005 I 1–2 (Taranto 2010) 38–40.

Rossiter 2012

The Encyclopedia of Ancient History XI (2012) 4890–4894 figg. 1–3 s. v. Olives and olive oil (J. Rossiter).

Roussel – Launey 1937
P. Roussel – M. Launey (eds.), Inscriptions de Délos. Décrets postérieurs a 166 av. J.-C. (Nos 1497-1524). Dédicaces postérieurs a 166 av. J.-C. (Nos 1525-2219), Académie des Inscriptions et Belles-Lettres (Paris 1937).

Schäfer Schuchardt 1988
H. Schäfer Schuchardt, L'oliva. La grande storia di un piccolo frutto (Bari 1988).

Scheidel et al. 2007
W. Scheidel – I. Morris – R. Saller (eds.), The Cambridge Economic History of the Greco-Roman World (Cambridge 2007).

Silvestrini 1994
M. Silvestrini, Note di epigrafia ordoniate: CIL IX 665, VeteraChr 31, 1994, 197–209 = AE 1994, 475.

Sirago 2002
V.A. Sirago, Gli ulivi nell'antico Salento, Georgofili 7, 1–4, 49, 2002, 1–6.

Small 2014
A.M. Small (ed.), Beyond Vagnari. New Themes in the Study of Roman South Italy. Proceedings of a Conference Held in the School of History, Classics and Archaeology University of Edinburgh, 26–28 October 2012, Munera 38 (Bari 2014).

Tassaux – Kovačić 2010
F. Tassaux – V. Kovačić (eds.), Les Milliardaires de l'Adriatque Romaine. Catalogue de l'Exposition Bordeaux (Bordeaux 2010).

Tiné 1983
S. Tiné, Passo di Corvo e la civiltà Neolitica del Tavoliere (Genova 1983).

Tondo – Polito 2002/2003
L. Tondo – C. Polito, 43. Lecce. 5. Piazzetta Castromediano, Taras 23, 1–2, 2002/2003, 190–196.

Vallelonga – Zifferero 2010
F. Vallelonga – A. Zifferero, Archeologia dell'olivo e dell'olio nel Lazio settentrionale, in: Barbieri – Ciacci – Zifferero 2010, 49–70.

Violante 2013
F. Violante (ed.), «De bono oleo claro de olivo extracto». La cultura dell'olio nella Puglia medievale, Questioni di Storia 6 (Bari 2013).

Volpe 1990
G. Volpe, La Daunia nell'età della romanizzazione, ADRIAS 1 (Bari 1990).

Volpe 1996
G. Volpe, Contadini, pastori e mercanti nell'Apulia tardoantica, Munera 6 (Bari 1996).

Vossen 2007
P. Vossen, Olive oil. History, Production, and Characteristics of the World's Classic Oils, HortScience 42, 5, 2007, 1093–1100.

Waliszewski 2014
T. Waliszewski, ELAION. Olive Oil Production in Roman and Byzantine Syria-Palestine, Polish Archaeology in the Mediterranean. Monograph Series 6 (Warsaw 2014).

Brenndauer und Rußentwicklung verschiedener Lampenöle – Eine Versuchsreihe

Manuela Broisch-Höhner

Abstract

Olive oil was the basic material used for lamps. During the 2th century AD in the northern Provinces, the use of olive oil lamps decreased and some were reworked to tallow ones, maybe after a problem in the supply of olive oil or because local oils were used. But are they suitable for burning? The aim of these experiments is to test them and observe how long they burned and how much soot was produced. Three types already present in ancient times have been then used: olive, walnut, and linseed oils. According to the results there exists no big difference in the length of burning time, so the use of different oils seems to be possible. Crucial for the burning time is the size of the wick and the distance between its end and the oil. Reproductions of glass cage cups were used as lamps and a cooling liquid was added to the oils.

Eine der wichtigsten Beleuchtungsgegenstände in der mediterran-römischen Welt war, neben dem Gebrauch von Kienspan, Talglichtern und Kerzen, sicherlich die Öllampe. Die ersten Modelle von Öllampen stammen aus dem Osten, wahrscheinlich aus Palästina und Syrien und waren einfach gedrehte Schalen, die an einer oder mehreren Stellen für die Aufnahme eines Dochtes zusammengekniffen wurden. In römischer Zeit wurden die Lampen in Tonmodel hergestellt, waren verschlossen und besaßen nur kleine Öffnungen für die Befüllung mit Öl, einen Docht und manchmal zusätzlich Belüftungslöcher. In dieser überarbeiteten Form trat die Öllampe ihren Siegeszug, durch die Provinzen im Gepäck der römischen Armee an.[1] So finden sich selbst in den entlegensten Winkeln des römischen Imperiums Fragmente oder ganze Exemplare verschiedener Lampentypen. Durch die Herstellung im Model ist sie zu einem erschwinglichen Massenprodukt geworden. Ohne Frage wurden die meisten dieser Öllampen, wie der Name schon sagt, mit Öl betrieben, wobei Olivenöl gewiss der bevorzugte Brennstoff war.[2] Dieser musste allerdings, jedenfalls was die nordwestlichen Provinzen betraf, importiert werden. Hauptabsatzgebiete von Olivenöl war anfangs Italien, später verstärkt Spanien (Überflutung des römischen Markts zu Beginn des Prinzipats durch andalusisches Öl).[3] Neben den Öllampen waren sogenannte offene Lampen für die Verwendung von tierischem Fett und Talg bereits bekannt und kamen mit Abstand häufiger zum Einsatz, als die römische Öllampe. So weisen verschiedene Autoren darauf hin, dass grade bei den ärmeren Schichten für die Beleuchtung nur der Gebrauch von tierischem Fett oder Kienspan in Frage käme, da der Betrieb einer Öllampe zu kostspielig sei.[4] Trotzdem befinden sich im Fundmaterial archäologischer Ausgrabungen im Bereich des römischen Imperiums immer auch zahlreiche Öllampen oder wenigstens Fragmente von diesen, so

Fig. 1: Test set-up.

zum Beispiel die ca. 2000 Lampen in Vindonissa, die 357 Belechtungsgegenstände aus 30 pompejianischen Villen (zum Teil in Vorratskisten gelagert), die 1300 Lampen aus den Forumsthermen, oder die 396 Lampen aus 132 Läden in Pompeji.[5] H. Eckhardt erkennt in Britannien einen Zusammenhang von Lampenfunden und Militär.[6] Dies zeigt, dass die Öllampe ein gewöhnlicher Gebrauchsgegenstand war, der von vielen Bevölkerungsteilen ganz selbstverständlich benutzt wurde. Doch für die so entstandenen weiten Handelswege braucht man ein stabiles Reich, damit die große Nachfrage des Rohstoffes Olivenöl, das nicht nur als Brennstoff, sondern auch als Grundlage für Kosmetika und vor allem als Nahrungsmittel gebraucht wurde, bedient werden konnte.[7] Die Abhängigkeit von teuren Importen führt fast automatisch zur Frage nach einheimischen Alternativen. Aber eignen sich einheimische Pflanzen überhaupt zur Ölproduktion? Und konnten diese als Alternative zu Olivenöl tatsächlich gebraucht werden? Nach A. Neuenburger waren in der antiken Welt weitere Nutzpflanzen bekannt, aus denen Öl gewonnen wurde. Darunter befinden sich Leinöl, Rüböl und Rizinusöl,wobei letztgenanntes, laut Neuenburger, nur eine schwache Flamme hervorbringt.[8] S. Martin-Kilcher erwähnt ebenfalls Leinöl und nimmt des weiteren die Nutzung von Mohnöl an.[9] Im Bezug auf die Probleme mit der Rohstoffversorgung im frühen 2. Jh. n. Chr. weist A. Hensen auf einheimische Alternativen wie: Hasel- und Walnuss, Bucheckern und Lein hin.[10] Untersuchungen zu einem römerzeitlichen Hanffund in Erden von M. König weisen auf eine mögliche Ölgewinnung aus der Pflanze hin.[11] Archäologische Bodenproben,

	Cooling Liquid water/ wine	Oil Amount	Wick Length	Outdoor Temper-ature	Cooling Liquid Temper-ature	Burning Time	Rest Cooling Liquid	Rest Oil	Rest Wick	Temperature Oil and Cooling Liquid	Soot Production	Anomaly/ No. Filter
1.	50 /10ml	20 ml	5 cm	20,4° C	15,1° C	2/20/09	56 ml	2 ml	4,8 cm	Oil 47,0° C/ C 45,8°C	weak	O-2-1
2.	50/10 ml	20 ml	5 cm	20,4° C	15,1° C	2/46/59	57 ml	1 ml	4,8 cm	Oil 46,9° C/ C 44,4° C	weak	O-2-2
3.	50/10 ml	20 ml	5 cm	24,3° C	26,2° C	1/59/40	58 ml	2 ml	5 cm	Oil 59,5° C/ C 48,8° C	very weak	O-2-3
4.	50/10 ml	20 ml	5 cm	24,3° C	26,2° C	1/47/20	59 ml	1 ml	4,7 cm	Oil 49,1° C/ C 48,0° C	medium - intense	O-2-4, problems with the wick
5.	50/10 ml	20 ml	5 cm	24,0° C	24,4° C	1/56/20	49 ml	1 ml	4,5cm	Oil 49,3° C/ C 45,3 ° C	weak	O-2-5
6.	50/10 ml	20 ml	5 cm	24,0° C	24,4° C	2/03/15	47 ml	1 ml	4,7 cm	Oil 44,4° C/ C 42,8° C	weak – medium	O-2-6
7.	50/10 ml	20 ml	5 cm	24,0° C	24,4° C	2/40/16	59ml	1 ml	5 cm	Oil 42,3° C/ C 40,4° C	very weak	O-2-7
8.	50/10 ml	20 ml	5 cm	24,0° C	24,4° C	2/42/23	56 ml	2 ml	5 cm	Oil 48,4° C/ C 41,5° C	very weak	O-2-8
9.	50/10 ml	20 ml	5 cm	23,4° C	22,4° C	2/07/49	59 ml	1 ml	5 cm	Oil 44,1° C/ C 42,1° C	weak	O-2-9
10.	50/10 ml	20 ml	5 cm	18,8° C	20,4° C	1/58/11	58 ml	2 ml	5 cm	Oil 49,1° C/ C 42,8° C	very weak	O-2-10
11.	50/10 ml	20 ml	5 cm	18,8° C	20,4° C	2/17/10	59 ml	3 ml	5 cm	Oil 49,6 ° C/ C 42,1° C	very weak	O-2-11
12.	50/10 ml	20 ml	5 cm	18,8° C	20,4° C	2/18/51	58 ml	3 ml	4,9cm	Oil 37,0° C/ C 35,6° C	very weak	O-2-12
13.	50/10 ml	20 ml	5 cm	18,8° C	20,4° C	2/17/24	59 ml	2 ml	5 cm	Oil 45,4° C/ C 40,6° C	very weak	O-2-13
14.	50/10 ml	20 ml	5 cm	22,1° C	21,1° C	2/04/20	58 ml	2 ml	5 cm	Oil 47,4° C/ C 42,6° C	very weak	O-2-14
15.	50/10 ml	20 ml	5 cm	22,1° C	21,1° C	2/23/40	59 ml	1 ml	4,3 cm	Oil 48,2° C/ C 45,2° C	weak - medium	O-2-15

Fig. 2: Summary table.

die von K.-H. Knörzer im Rheinland durchgeführt wurden, belegen den Anbau von Lein, Leidotter und Mohn in römischer Zeit. Der Walnussbaum, der aus Vorderasien nach Europa kam, war zu dieser Zeit ebenfalls schon im Rheinland heimisch.[12] Gestützt werden die Annahmen zudem durch die chemischen Analysen des Archäometrischen Labors der Universität Tübingen durch R.C.A. Rottländer, bei denen zwanzig Lampen beprobt wurden und folgende Öle nachgewiesen werden konnten: Hasel- oder Olivenöl (fünfmal), Mohnöl (fünfmal), Walnußöl (dreimal), Talg (dreimal) Bucheckeröl (zweimal), Lein/Leindotteröl (einmal), und einmal eine Präparation aus Talg und Walnußöl.[13]

Diese Öle könnten dann, sofern sie verwendbar waren, nicht nur in der tönernen Öllampe gebraucht werden, sondern auch in entsprechenden Modellen aus Metall oder, wie in den in der Spätantike in den reichen Schichten beliebt, in Glaslampen.[14] So ergibt sich bei der Beschäftigung mit Öllampen und ihrer Funktionsweise bzw. Handhabe ein breites Spektrum an Fragen, deren Beantwortung man sich in den letzten Jahren der Forschung verstärkt zugewandt hat. Die im Folgenden beschriebenen Versuchsreihen stammen bereits aus dem Jahr 2009 und sollen lediglich als Denkanstoß und als erster Versuch, der sich mit dem Thema Ölnutzung und Ölgebrauch in Lampen beschäftigen soll, verstanden werden.

Für diese Versuche entschied ich mich, aufgrund der Quellenlage (s.o.), für drei verschiedene Öle, die in mehreren Versuchsreihen hinsichtlich ihrer Brenndauer

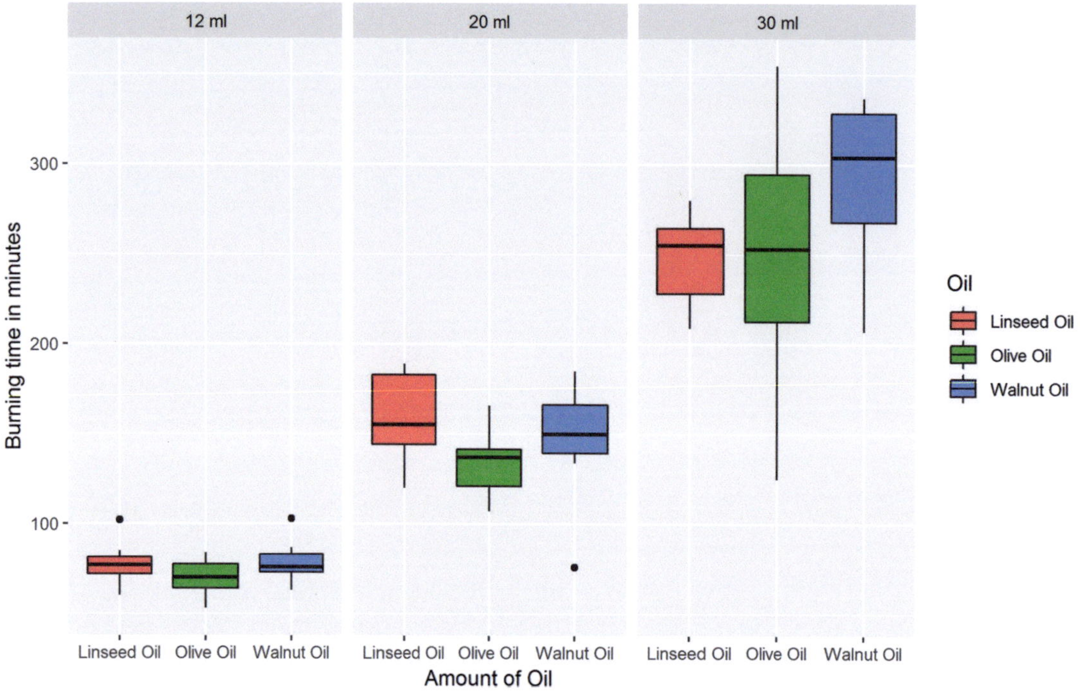

Fig. 3: Comparison burning time.

und Rußentwicklung getestet werden sollten.[15] Als erstes natürlich Olivenöl, da dieses sicherlich als bevorzugtes Öl für den Gebrauch in Lampen verwendet wurde. Demgegenüber sollten Öle getestet werden, die auch in nördlichen Breitengraden hergestellt werden konnten und durch diverse Untersuchungen (s.o.) nachgewiesen wurden. Die Wahl fiel dabei auf Walnussöl und Leinöl. Damit die Versuche zu aussagekräftigen Ergebnissen führen konnten, wurde jedes Öl in insgesamt drei Versuchsreihen getestet, bei denen jeweils eine unterschiedliche Menge Öl verbrannt wurde: 12 ml, 20 ml und 30 ml. Jede einzelne Versuchsreihe bestand aus 15 Durchgängen. Die Versuche wurden in Glasgefäßen durchgeführt, die in Anlehnung an die Nutzung von spätantiken Diatretgläsern als Lampe gewählt wurden.[16] Dies soll nicht bedeuten, das in der Spätantike hauptsächlich Glaslampen zur Beleuchtung gebraucht wurden, denn sie sind sicherlich als Luxusgegenstand der Oberklasse zu verstehen. Doch hat Glas im Gegensatz zu einer Öllampe aus Ton den Vorteil, dass weder Öl durch den Ton ausgeschwitzt noch von der Lampe absorbiert wird. So lässt sich am Ende des Versuches die genaue Brenndauer der Öle sowie die verbliebene, nicht verbrannte, Ölmenge exakt ermitteln. Allerdings benötigt die Nutzung von Glas eine Kühlflüssigkeit, die das Zerspringen des Glases verhindert. Die hier verwendete Kühlflüssigkeit bestand bei den hier folgenden Versuchsreihen zum einen aus 10 ml Wein und 50 ml Wasser sowie zum anderen 60 ml reinem Wasser. Wegen der teilweise starken Rauchentwicklung wurden alle Versuche im Freien durchgeführt. Damit auch die äußeren Einflüsse auf

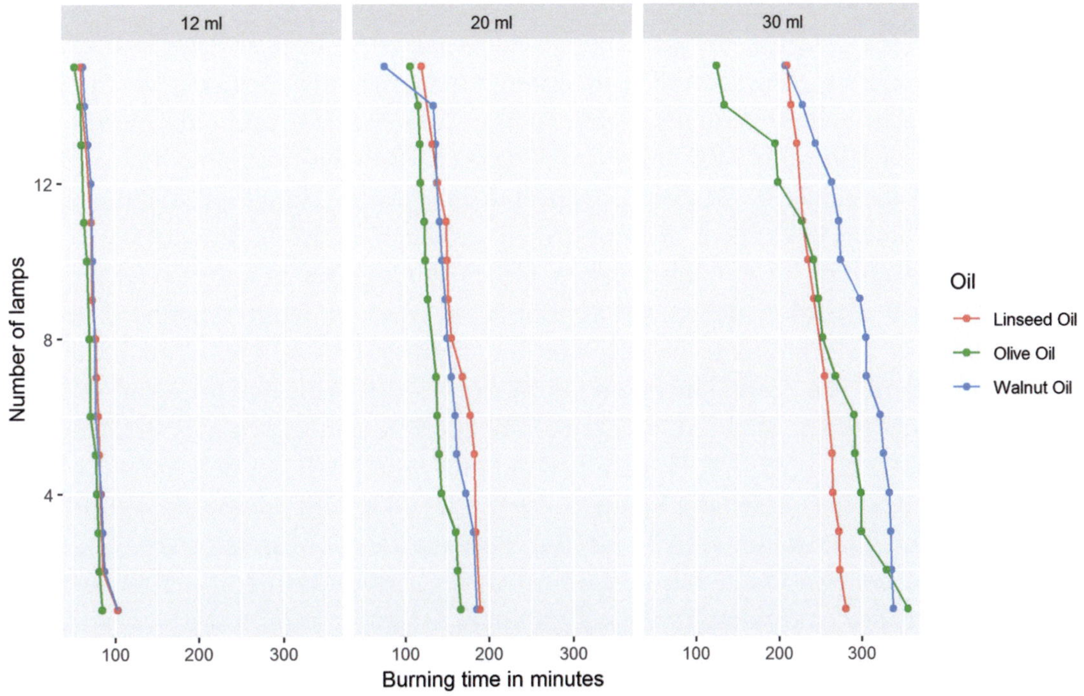

Fig. 4: Comparison burning time.

die Versuchsreihe berücksichtigt werden konnten wurde vor jedem Versuch sowohl die Außentemperatur als auch die Temperatur der Kühlflüssigkeit gemessen. Nach der Ermittlung der Brenndauer erfolgte abermals eine Messung der Temperatur der Kühlflüssigkeit und, soweit es möglich war, die des verbliebenen Öls. Bei allen Versuchen wurde ein fünf Zentimeter langes Stück Jutegarn als Docht verwendet, das nach dem Versuch erneut vermessen wurde. Dochte aus unterschiedlichen Materialien, wie z.B. Kienspan- oder Leinendochte, die ebenfalls in römischer Zeit in Gebrauch waren, konnten bei diesen Versuchen nicht berücksichtigt werden, um die Vergleichbarkeit der Versuchsreihe zu gewährleisten. Um die Rußentwicklung der verschiedenen Öle sichtbar zu machen, wurde in etwa acht Zentimeter Höhe über der Flamme ein weißes Filterpapier angebracht.[17]

Der Versuchsaufbau sah demnach folgendermaßen aus: An einer Leine wurden insgesamt fünf Gläser mit einer Hängevorrichtung befestigt. Die Gläser wurden mit einem Wein-Wassergemisch, welches als Kühlflüssigkeit diente, und der Versuchsanordnung entsprechend, mit Öl befüllt. Die Filterpapiere wurden über dem Glas befestigt. Die Außentemperatur sowie die der Kühlflüssigkeit wurden festgehalten. Die Dochte wurden mit Hilfe von Metalldrähten, die als Dochthalter dienten eingesetzt.[18] Anschließend wurden die Lampen angezündet und die Stoppuhren wurden gestartet (Abb.1). Nachdem die Lampen aus Mangel an Öl erloschen, wurde die Temperatur des Öls und der Kühlflüssigkeit festgehalten (Abb. 2).

Ergebnisse der Versuchsreihen

Betrachtet man die Ergebnisse (Abb. 3. 4), erkennt man, dass die Werte der Versuche mit den 12 ml Öl recht nahe zusammenliegen: So brannten 12 ml Olivenöl durchschnittlich eine Stunde und fünfzehn Minuten.[19] Im Vergleich dazu brannten 12 ml Leinöl im Schnitt eine Stunde und 27 Minuten, während die gleiche Menge an Walnussöl mit einem Dauer von einer Stunde 29 Minuten, dicht an dem Durchschnittswert vom Leinöl liegt. Die Schwankung in der Brenndauer scheint zudem bei 12 ml Öl viel geringer auszufallen als bei den Versuchen mit 20 und 30 ml (Abb. 3). 20 ml Olivenöl brannten im Durchschnitt zwei Stunden und 24 Minuten, während 30 ml vier Stunden und 37 Minuten brannten. Die Brenndauer von Leinöl lag bei dem Einsatz von 20 ml etwa bei drei Stunden und sieben Minuten, währen 30 ml zur Beleuchtung ca. vier Stunden und dreizehn Minuten reichten. Die längste Brenndauer ergab sich bei den Versuchen mit dem Walnussöl: So leuchteten die Lampen, die mit 20 ml befüllt waren, im Schnitt zwei Stunden und fünfzig Minuten und 30 ml fünf Stunden und 27 Minuten (Abb. 5).

Während es bei den Versuchen mit 12 ml Öl im Schnitt kaum zu nennenswerten Schwankungen der Brenndauer von ca. zwanzig Minuten kam, waren es bei 20 ml bereits 30–45 Minuten. Die größte Varianz war schließlich bei den Versuchen mit 30 ml Öl zu beobachten. So ergaben die Versuche mit 30 ml Leinöl Schwankungen von bis zu einer Stunde und im Fall des Walnussöls war es eine Stunde und mehr (Abb. 4). Der Ausreißer nach unten bei den Versuchen mit den 20 ml Walnussöl, lässt sich mit einem starken Ölverlust während des Versuches erklären. Denn hier musste der alte Docht entfernt und ein neuer eingesetzt werden. Die beiden Ausreißer, die eine längere Brenndauer anzeigen, sind mit einer extrem kleinen Flamme zu erklären. Dies bedeutet wiederum, dass die Länge der Brenndauer hauptsächlich mit der Größe der Flamme zusammenhängt. In den Diagrammen ist zwar deutlich zu erkennen, dass das Olivenöl im Vergleich mit den beiden anderen Ölen eine geringere Brenndauer hat, dennoch liegen die Werte der Öle bei allen Versuchsreihen sehr nahe beieinander, so dass bezüglich der Effektivität der hier getesteten Öle kein großer Unterschied zu bestehen scheint.

Die Rußentwicklung wurde, wie in der Einführung beschrieben, mit Hilfe von weißem Filterpapier überprüft. Vergleicht man die Filter miteinander, fällt sofort auf, dass sowohl das Walnussöl als auch das Leinöl viel stärker rußen, als das Olivenöl, welches kaum Ruß hinterlässt (Abb. 6). Dieses Ergebnis hängt mit den mehrfach ungesättigten Fettsäuren zusammen. Fette mit einem hohen Anteil an mehrfach ungesättigten Fettsäuren rußen stärker.[20] Da sowohl Walnussöl, als auch Leinöl aus über 70% mehrfach ungesättigten Fettsäuren bestehen, rußen sie im Vergleich zu Olivenöl, dessen Anteil an mehrfach ungesättigten Fettsäuren bei 9% liegt, deutlich stärker. Wunderlich beschreibt außerdem, dass die Flamme eines Öls mit mehrfach ungesättigter Fettsäure zudem dunkler ist und somit die Lichtausbeute geringer.[21] Dies konnte bei den beschriebenen Versuchsreihen mit bloßem Auge nicht festgestellt werden.

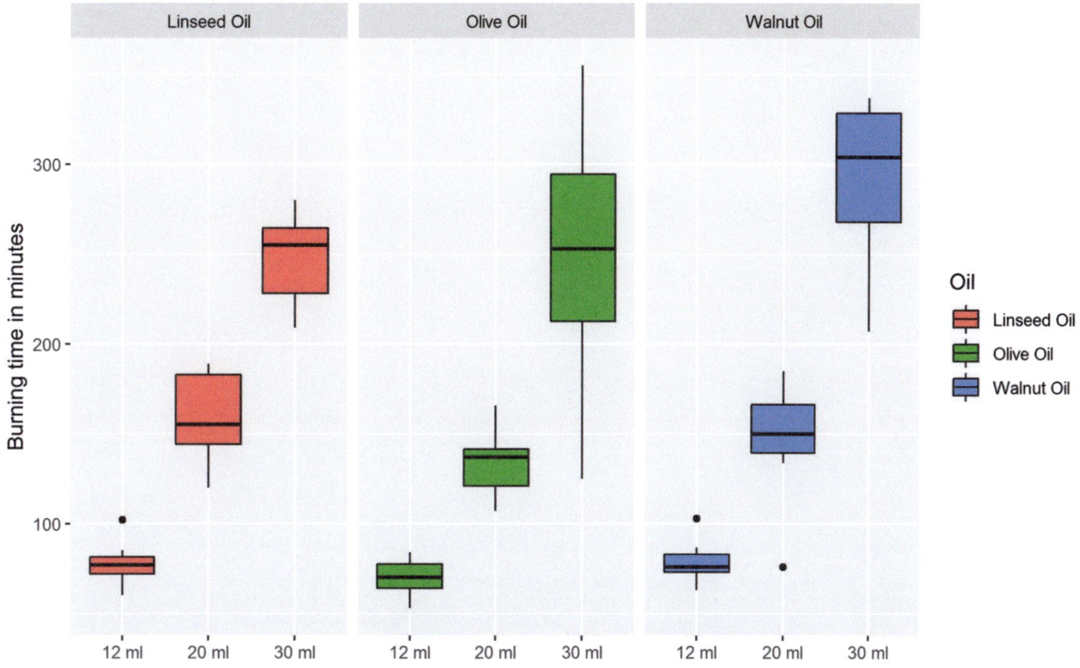

Fig. 5: Comparison burning time.

Nun bleibt noch zu klären, warum mit der gleichen Ölmenge die Brenndauer teilweise so unterschiedlich ausfällt. Da die Versuche, wegen der zum Teil hohen Rußentwicklung, im Freien bei durchgeführt wurden, könnte die Brenndauer möglicherweise mit der Außentemperatur im Zusammenhang stehen. Dagegen spricht jedoch die Tatsache, dass z.B. 20 ml Leinöl bei 24,6°C Außentemperatur drei Stunden und zwei Minuten brannte und bei 4°C, drei Stunden und neun Minuten. Sogar Minusgrade (bis -2°C) hatten keinen erkennbaren Einfluss auf die Brenndauer. So brannten 12 ml Leinöl bei 21,4°C eine Stunde und zwölf Minuten und bei -2°C eine Stunde und dreizehn Minuten. Somit ist ein Einfluss der Temperatur auf die Brenndauer auszuschließen. Auch die Zusammensetzung der Kühlflüssigkeit hat keine Wirkung auf den Brennvorgang. Getestet wurde ein Wasser-Wein-Gemisch (50/10 ml) und reines Wasser (60 ml). Der Wein, sollte er denn dem Wasser beigefügt worden sein, hat rein optische Auswirkungen auf das Licht der Lampe. So leuchtet die Lampe mit dem Wasser-Wein-Gemisch rötlich, während das Wasser in der Farbe des Öls leuchtet; im Fall des Leinöls leicht gelblich (Abb. 7). Da die anderen Komponenten während der Versuchsreihen immer identisch waren, kommt für die unterschiedlichen Ergebnisse der Brenndauer nur noch der Docht in Frage. Dieser bestand zwar in allen Versuchen aus Jutegarn, da es sich hierbei aber um ein Naturprodukt handel, ist die Stärke des Garns nicht immer gleichbleibend; es gab demnach dünnere und dickere Dochte. Wenn sich das Garn zusätzlich am oberen Ende aufgeriffelt hat wurde die Flamme, aufgrund der entstandenen Fläche, größer. Eine größere Flamme führt zwangsläufig zu einem größeren Ölverbrauch. Ein Unterschied

Fig. 6: Comparison soot production.

in der Helligkeit konnte mit dem bloßen Auge nicht erkannt werden. Hatte sich das Garn nicht aufgetrennt war allerdings auch kein Unterschied der Flamme bei den geringfügig unterschiedlich starken Dochten zu erkennen. Ausschlaggebend für den variierenden Ölverbrauch sind demnach die Größe und Beschaffenheit des Dochts. Die gleichen Beobachtungen machte auch W. Radt, der bemerkt, dass der Verbrauch des Öls von der dicke des Dochtes abhängt, was in Abhängigkeit zur Größe der Flamme steht.[22] Die Helligkeit der Öllampen vergleicht er mit einer modernen Kerze.

Bei allen Versuchen verbrannten die Öle bis auf 1–4 ml vollständig. Von der Kühlflüssigkeit verdunsteten durchschnittlich 1–6 ml. Bevor die Flamme letztendlich verlosch, war ein leises Knistern zu hören. Der Docht selbst war immer nur dort verrußt, wo sich die Flamme befand. Der Rest war vollständig intakt und hätte weitergenutzt werden können. Das verußte Ende fiel meist ab, so verlor der Docht fast nichts von seiner Ausgangslänge von 5 cm. Dieser geringe Verlust der Länge beruht auf dem Prinzip der Kapillarwirkung im Docht. Die Oberfläche des Dochtes bewirkt, dass das Öl in der Hitze verdampft und die Gase verbrennen.[23] Ch. H. Wunderlich stellt einen bei seinen Versuchen einen Verbrauch von ca. 8 g Olivenöl pro Stunde fest, der hierbei verwendete Docht bestand aus Baumwolle und war ca. einen Zentimeter lang und 0,5 Zentimeter dick. Die Höhe der Flamme betrug ca. zwei bis drei Zentimeter. Er vergleicht die Helligkeit der Flamme, wie Radt (s.o.), mit der einer modernen Kerze. Um die Lichtausbeute zu steigern, wiederholte er den Versuch mit einem längeren Docht (1,5 cm), was dazu führte, dass die Flamme ca. fünf Zentimeter hoch war und den Verbrauch auf 20 g pro Stunde steigerte.[24] Die Werte ähneln denen der oben durchgeführten Untersuchungen und bestätigen die Vermutung, dass das Material und die Größe des Dochtes ausschlaggebend für den Ölverbrauch sind. Das diese Beleuchtung

Fig. 7: Cooling liquid.

dennoch verhältnismäßig dunkel ausfällt, erklärt Wunderlich mit der Verschattung der Flamme durch den Lampenkörper. Eine Verbesserung der Helligkeit ist seiner Meinung nach mit der Firmalampe gegeben, die eine größere Flamme ermöglicht. Lampen aus Glas haben demnach die größte Lichtausbeute, da der Lampenkörper das Licht nicht verschatten kann.[25] Allerdings sind Glaslampen wohl kein Massenprodukt, sondern eher als Luxusgut zu verstehen.

Im Zuge der Experimente konnten weitere Beobachtungen gemacht werden, die Hinweise auf den praktischen Gebrauch von Öllampen liefern können. Der Versuch, die Brenndauer durch ein Nachschütten von Öl zu verlängern klappte auf Anhieb nicht. Dies mag bei den hier durchgeführten Experimenten an der Höhe des Glases gelegen haben, denn der brennende Docht kippte bei dem Versuch um. Ein Nachfüllen von Öllampen aus Ton dürfte jedoch kein Problem gewesen sein, da sich Einfülloch und Dochtloch in einem gewissen Abstand zueinander befinden und der Docht hier beim Befüllen, aufgrund der Beschaffenheit der Öllampe, nicht untergehen kann. Doch ist auch ein Auffüllen von Glaslampen während des Brennvorgangs nicht völlig auszuschließen; Es bedarf aber sicherlich etwas Übung. Da die Versuche in Glasgefäßen durchgeführt wurden bestand auch die Gefahr, dass das Glas zerspringt. Kippt der Docht unbemerkt gegen die Wand des Gefäßes, zerspringt das Glas in wenigen Minuten.

Hier hat die Außentemperatur allerdings einen bemerkenswerten Einfluss auf die Zeit bis das Glas bricht. Fiel der Doch bei Temperaturen über Null gegen die Wandung, wurde das Glas an der Stelle braun und es zersprang erst nach einigen Minuten. Ist die Temperatur jedoch um Null oder tiefer, zersprang das Glas sofort. Man hat demnach keine Zeit seine Lampe zu retten. Dies kann durch die Spannung im Glas im Verhältnis zur Außentemperatur erklärt werden, die bei kälteren Temperaturen höher ist, als bei warmen.

Fazit

Abschließend bleibt festzuhalten, dass die Beleuchtung mit Öllampen in der römischen Welt einen hohen Stellenwert hatte. Vermehrt jedoch, und auch begünstigt durch die kürzeren Transportwege des Olivenöls, im Mittelmeerraum. Durch die Eroberung der nördlichen Provinzen, verbreitete sich die Öllampe auch dort und kam in Militärlagern und größeren Städten ebenfalls häufig zum Einsatz. Während des 2. Jh. n. Chr. ließ der Gebrauch der Öllampen, vermutlich auch aufgrund von Lieferengpässen nach, manche Lampen wurden zu Talglampen umgearbeitet.[26] Daneben könnte ein Rückgriff auf einheimische Ölc möglich sein.

Der Vergleich der hier getesteten Öle zeigt, dass die Unterschiede in der Brenndauer nicht so gravierend sind. Ein Gebrauch von alternativen Ölen anstelle von Olivenöl ist somit durchaus möglich. So bannte 930 ml Walnussöl insgesamt 125 Stunden und 50 Minuten (7.550 Minuten), 930 ml Leinöl 121 Stunden und 33 Minuten (7.293 Minuten) und 930 ml Olivenöl 115 Stunden und 9 Minuten (6.909 Minuten). Ausschlaggebend für die Brenndauer ist nicht so sehr das zu verbrennende Öl, sondern die Dicke und die Länge des aus dem Öl ragenden Dochtes. Denn dies hat unmittelbar Einfluss auf die Größe der Flamme. Wenn das Dochtende relativ nahe an der Öloberfläche war, verbrannte das Öl nur langsam auf kleiner Flamme. War der Abstand zwischen Öl und Ende des Dochtes größer, war auch die Flamme höher und hatte somit einen höheren Ölverbrauch. Als mögliche Dochte können Pflanzenfasern, Kienspan und Flachs in Frage kommen. Ob die unterschiedlichen Materialien zudem noch Einfluss auf die Brenndauer haben, müssen zukünftige Untersuchungen zeigen. Der Ölverbrauch in Öllampen aus Ton könnte zudem höher sein, da es hier durch poröse Wände möglicherweise auch zum Ölverlust kommen kann.

Die Rußentwicklung bei den getesteten Ölen fiel überraschenderweise recht unterschiedlich aus. So rußten sowohl das Walnuss- als auch das Leinöl recht stark, während das Olivenöl kaum rußte. Die Rußentwicklung lässt sich vermutlich auch auf die antiken Öle übertragen, da die Rußbildung mit den im Öl enthaltenen mehrfach ungesättigten Fettsäuren zusammenhängt. Walnussöl besteht aus 73 % mehrfach ungesättigten Fettsäuren, gleiches gilt für Leinöl mit 72% mehrfach ungesättigte Fettsäuren, während Olivenöl nur 9% mehrfach ungesättigte Fettsäuren hat.

Die hier beschrieben Versuchsreihen sollen nur, wie anfangs erwähnt, ein Denkanstoß sein und den Gebrauch von alternativen Ölen zum Olivenöl als Möglichkeit betrachten. Es wird nicht der Anspruch erhoben, dass heimische Öle in großer Masse zu Betrieb von Öllampen gedient haben, aber in Einzelfällen als Ersatz zu Olivenöl gebraucht werden könnten. Weitere Experimente mit selbst gepressten Ölen, Lampen aus Ton und Metall und verschiedenen Dochten könnten weiteres Licht ins Dunkle bringen, was den Gebrauch von antikem Beleuchtungsgerät angeht.

Result

As we can see, illumination with oil lamps was important in the Roman world. Due to the short route of transport, the use of lamps filled with olive oil was more intensively around the Mediterranean Sea. After the occupation of the Northern provinces, these particular oil lamps became more popular, especially in the military camps, their surroundings and in bigger cities. During the 2nd cent. AD the use of oil lamps with olive oil as fuel decreased, and some lamps were reworked to tallow lamps. One reason could be the bottleneck in supply of raw material (for example olive oil). In addition, it may be possible that local oils instead of olive oil have been used.

According to experimental results no big differences in the burning time of the tested oils exist. So an alternative use of different oils seems to be possible. The burning time of 930 ml walnut oil correspond to a total amoumt of 125 hours and 50 minutes (7.550 minutes), 930 ml linseed oil to 121 hours and 33 minutes (7.293 minutes) whereas 930 ml olive oil to 115 hours and 9 minutes (6.909 minutes). Crucial for the burning time is not the burning oil but the size (length and thickness) of the wick and the distance between the surface of oil and the end of the wick. This affects in fact the size of the flame; if the end of the wick was close to the oil surface, the flame was small and the burning time was extended. A large gap between surface and wick results in a bigger flame and therefore more oil is needed. During the Roman period, plant fibers, pine chip and flax were suitable to be used as wicks. Otherwise it is also possible that these different materials influence the burning time and future researches on this subject are necessary. Also the need of oil could be different in case of clay lamps.

The soot production of the oils was surprisingly very variable. Walnut and linseed oil had a very high soot production, quite completely absent in the use of olive oil. Since the soot production depends on the polyunsaturated fatty acids naturally present in the oil, the results can be considered applicable also for ancient oils. Walnut oil consists of 73% polyunsaturated fatty acids, which is nearly the same for linseed oil (72% polyunsaturated fatty acids). In contrast, olive oil has only 9% polyunsaturated fatty acids and consequently it produces low amounts of soot.

The discussed experiments constitute a first attempt to gain knowledge about ancient use of oil for illumination. In addition the case study shows other native oils as suitable. The result are not to be intended to be evidence for a general mass use of these oils, even if the case study shows that they may have been used in individual cases. Further experiments with home made oils, clay and metal lamps and different wicks may shed more light on the use of ancient illumination devices.

Anmerkungen

[1] Radt 1986, 40 f. Von hier aus sorgten die Phönizier im 9. bis 6. Jh. v. Chr. für die Verbreitung des Lampentyps nach Westen. Es sind offene gedrehte Lampen, deren Schnauzen eingekniffen wurden.

[2] Griffiths 2014,10.

[3] Remesal – Rodriguez 1983, 91; A. Hensen 2008, 4.

[4] Apeikis et al. 2009, 16.

[5] Radt 1986, 42–44; Griffiths 2014, 13; Seidel 2009, 36.

[6] Eckhardt 2002, 37.

[7] Seidel 2009, 17.

[8] Neuenburger 1919, 246.

[9] Martin-Kilcher et al. 1987, 195.

[10] Hensen 2008,4.

[11] König 1994, 44–48.

[12] Knörzer et al. 1999, 96.

[13] Apeikis et al. 2009, 9; Rottländer 1992, 227. Die Lampen stammten aus dem römischen Gräberfeld an der Luxemburgerstraße in Köln (8), dem Gräberfeld Kaiseraugst – Im Sager (1) und aus dem Kölner Antiquitätenhandel (2). Die beprobten Lampenfragmente sind Kölner Streufunde (10).

[14] Seidel 2009, 61; Wunderlich 2006, 34.

[15] Aus Mangel an Alternativen wurde hierbei auf modern hergestellt Öle zurückgegriffen.

[16] Steckner 1999, 110–114.

[17] Dieses Filterpapier dient einzig und allein der Ermittlung der Rußentwicklung und hat nichts mit dem Gebrauch der Öllampe zu tun.

[18] Hierzu gibt es auch antike Vorbilder, die hier aber nicht nachempfunden werden sollten. Die beiden Drähte, die überkreuz durch den Docht geschoben wurden, dienten als einfache Stabilisierung und erheben nicht den Anspruch, in der Antike so benutzt worden zu sein.

[19] Die dargestellten Diagramme geben allerdings den Median wieder, nicht den Durchschnitt. 50 % der erfassten Daten werden in der Box dargestellt, über und unter dem Median befinden sich je 25% der Daten. Die unterschiedliche Höhe der Box ergibt sich aus der Streuung der erfassten Werte. Liegen die Werte nahe beieinander ist der Abstand zwischen Median und dem Ende der Box geringer. Ist der Abstand größer weisen die Werte eine Höhere Streuung auf.

[20] Wunderlich 2001c.

[21] Wunderlich 2001c.

[22] Radt 1986, 42.

[23] Wunderlich 2006, 32.

[24] Wunderlich 2006, 32; Wunderlich 2001a.

[25] Wunderlich 2001a; Wunderlich 2001b.

[26] Hensen 2010, 50.

Bildnachweis

Figs.1. 2. 6. 7: M. Broisch-Höhner. – Figs. 3–5: boxplots and kumul by S.C. Schmidt.

Literatur

Apeikis et al. 2009
S. Apeikis – D. Langhauser – N. Melko – K. Sahm – L. Stein – R. Stupperich – U. Uebel – O. Wagner – S Yenentürk, Licht! Lampen von der Antike bis zur Neuzeit, Begleitheft zur Ausstellung (Heidelberg 2009).

Eckhardt 2002
H. Eckhardt, Illuminating Roman Britain (Montagnac 2002).

Griffiths 2014
G. Griffiths, „Licht ins Dunkle bringen“, Künstliche Beleuchtung in Pompeji, AW 45, 1, 2014, 10–14.

Hensen 2008
A. Hensen, Ölkriese unter Hadrian, AW 39, 6, 2008, 4.

Hensen 2010
A. Hensen, Als die Lichter verloschen, AW, 3, 2010, 45–51.

Knörzer et al. 1999
K.-H. Knörzer – B.Beyer – Pflanzenspuren. Archäobotanik im Rheinland: Agrarlandschaft und Nutzpflanzen im Wandel der Zeiten (Köln 1999).

König 1994
M. König, Ölproduktion und/oder Fasergewinnung?, Über einen römerzeitlichen Hanffund aus Erden/Mosel, FuAusgrTrier 26, 1994, 42–48.

Martin-Kilcher et al. 1987
S. Martin-Kilcher – M. Schaub – G. Thierrin-Michael, Die römischen Amphoren aus Augst und Kaiseraugst, Forsch.Augst 7 (Augst 1987).

Neuenburger 1919
A. Neuenburger, Die Technik des Altertums (Leipzig 1919; Nachdr. Leipzig 1921).

Radt 1986
W. Radt, Lampen und Beleuchtung in der Antike, AW, 17, 1, 1986, 40–58.

Remsal-Rodrigues 1983

J. Remesal-Rodrigues, Ölproduktion in der Baetica: Ein Beispiel für die Verbindung archäologischer und historischer Forschung, MBAH 2, 1983, 91–111.

Rottländer 1992

R.C.A. Rottländer, Der Brennstoff römischer Beleuchtungskörper. Zu einem Neufund, JberAugst 13, 1992, 255–229.

Seidel 2009

Y. Seidel, Künstliches Licht im individuellen, familiären und öffentlichen Lebensbereich (Wien 2009).

Steckner 1999

C. Steckner, Diatrete als Lichtgefäße. In: R. Lierke (ed.), Antike Glastöpferei. Ein vergessenes Kapitel der Glasgeschichte (Mainz am Rhein 1999) 110–114.

Wunderlich 2006

Ch.H. Wunderlich, Und es ward Licht, AiD 4, 2006, 32–35.

Wunderlich 2001a

Ch. H. Wunderlich, Light-Kultur, Alles strahlt hell, <https://www.lda-lsa.de/forschung/weitere_projekte/light_kultur/alles_strahlt_hell/> (05.11.2018).

Wunderlich 2001b

Ch.H. Wunderlich, Light-Kultur, Archäolux classic, <https://www.lda-lsa.de/forschung/weitere_projekte/light_kultur/archaeolux_classic/> (05.11.2018).

Wunderlich 2001c

Ch. H. Wunderlich, Light-Kultur, Bruder Feuer, <https://www.lda-lsa.de/forschung/weitere_projekte/light_kultur/bruder_feuer/> (05.11.2018).

Lighting a Funerary Interior. The Roman Tomb N83 at Cyrene in a 3D Perspective

Anna Santucci – Paola Lassandro – Marina Zonno

Abstract

The lighting in a funerary space assumes different values and functions. At Cyrene, the Roman rock-cut tomb N83 offers a controlled case study to analyse the quantity and quality of the lighting performance in a 3D perspective. Starting from the archaeological and historical reconstruction of the recently published context, the 3D model will simulate the interior lighting of the tomb using virtual prototypes of ancient clay oil lamps. The 3D models contribute also to developing interpretive virtual models for valorising and promoting the cultural heritage.

Lighting a Funerary Chamber: Demetria Tomb/N83 at Cyrene as Case Study

Archaeological research concerning natural and artificial lighting systems in ancient Greek and Roman architecture has mainly investigated domestic spaces. This has produced important information on the functional uses of rooms connected with indoor human activities during the day- and/or night time.[1] Conversely, the utilitarian role of light in funerary spaces has received less attention until now,[2] especially when compared with the studies on the symbolic and ritual meanings of light in pagan and Christian tombs.

Although domestic and funerary spaces shared substantially the same lighting devices and systems, we may expect different concepts of artificial (and natural) light. In the house, artificial light was mostly used during the night, accompanying the different activities of their inhabitants from sunset to sunrise. On the contrary, in tombs it accompanied activities and practices performed essentially during the daytime, serving for both utilitarian and ritual purposes.

Archaeological finds regarding artificial lighting in the tombs are scarce. Some evidence for bronze lanterns come from Roman hypogea in Tripolitania, namely at Leptis Magna, Oea and Gigthis. Furthermore, the Flavi's hypogeum at Gasr Gelda gives us an idea of their placement: hanging from the vaulted ceiling of the chamber on which the burials opened.[3]

The sight of the real lighting devices – torches, candelabra, chandeliers, lamps, lanterns – combined with the painted or sculpted ones would have created an illusionary scenario to the visitors of the tomb chambers. For example, in Tomb C of the Vicolo dei Cristallini at Naples, the lower chamber had two fine candelabra painted on both sides of the entrance, while a bronze double-nozzle lamp was hanging from the ceiling.[4]

Fig. 1: Libya, Shahat. The area of the Tomb N83 in the Northern Necropolis of ancient Cyrene.

The arrangement of the artificial lights in this space depends on their own forms. It is then possible to imagine lighting sources hanging from ceilings, placed into niches or shelves on the walls, displayed on the floor or on benches, or placed on tables and other kind of supports. Any type of arrangement was also thought to allow for the easy management of the lamps, to top up the fuel in a reservoir or to turn them on/off.

It is uncertain how long the lighting devices[5] could be left on, considering the risks of burning and damages potentially connected with an unattended flame, although it was weak. The artificial lights were probably used only during the visit to the tomb.

Tomb N83 at Cyrene (Shahat, Libya) offers an interesting case study for contextualizing the discussion on the above-mentioned questions.[6] The tomb was cut into the northern slope of Gebel Akdar (fig. 1), and has numerous architectural phases from the Hellenistic to the Late Antique period. Until the present day it also has suffered reuse phases and was completely robbed and manipulated, as usually happens elsewhere in the ancient necropolis of Cyrene. The monument is also known as Demetria's Tomb because of a late antique inscription painted on the wall to the left of the entrance. It mentions

Fig. 2: Interactive Web 3Dmodel through the 3DHOP viewer with a hotspot linked to information about the tomb and the wall painting.

Demetria and her son Theodulos, both deceased during an earthquake that probably happened in 365 AD[7] (fig. 2).

The tomb has at least three principal phases between the middle and the late Roman period, the most important of which dates to the late 2nd–early 3rd century AD. In this period, a funerary chamber with arcosolium burials was realized; after a few decades, the burial to the right of the nearby entrance received the first and more interesting wall painting decoration. It represents a floral garden peopled by Erotes, birds and garlands, as well as a carpet-style motif and semi-circular garlands. Later, probably during the 4th century AD (not necessarily in the same period of Demetria and Theodulos), a new painting with unidentified motifs was applied on the lower front of this burial and covered the semi-circular garlands. Today it is in a very degraded state. The other walls and the ceiling of the chamber seem to never have been plastered, considering that the Demetria inscription and those on the rear wall of the tomb were painted and engraved directly onto the natural rock-walls.

Despite its poor archaeological condition, the rock-cut tomb allows for the analysis of some components of its indoor lighting. The funerary chamber received natural light from the entrance door and the nearby small opening, which is a window that originally served as the entrance to the Hellenistic tomb. Both openings were decentralized to the right of the tomb plan. As a result, the natural light was projected substantially onto the

Fig. 3: Interactive Web 3Dmodel through the 3DHOP viewer with informative hotspots and measurement tools.

right part of the interior, crossing tangentially across the painted arcosolium near the entrance. Nevertheless, it would be wrong to presume a direct relationship between the wall painting's position and the lighting source. Another tomb of the northern necropolis of Cyrene (Good Sheppard Tomb/N241) attests in fact the opposite arrangement: the painted arcosolium lies in the less-lighted part of its funerary chamber.[8] The reasons for these different behaviours remain unclear, and maybe were influenced by cultural and religious factors too.

In Tomb N83, various forms of artificial light had to be used, among which were three clay oil lamps placed in many small and rectangular niches (cm h. 14–17 × w. 14–15 × d. 11). These were carved into the wall to the left of the entrance[9] (fig. 2). The niches may be referred to the late antique phase of the tomb, since their position appears connected with the Demetria inscription. The niches are rather high from the floor[10] (around 2.65 m from it), and tools such as a perch and/or a wooden ladder were necessary for moving and turning the lamps on/off, especially considering the encumbrance of the Demetria and Theodulos grave at the bottom of the same wall. Even if the stone slabs and blocks composing the coffin are lost, the 19th century drawings by Smith and Porcher[11] allow for its reconstruction.

Other considerations concerning the functioning of these lamps can be proposed according to the architectural details of the tomb, more precisely the entrance.

Assuming the late antique entrance of the tomb was closed by a stone-slab that was difficult to remove, such as the so-called false-doors mostly used in the Greek period, the lamps had to be lighted only during the short time of the funeral ceremony for Demetria and Theodulos.[12]

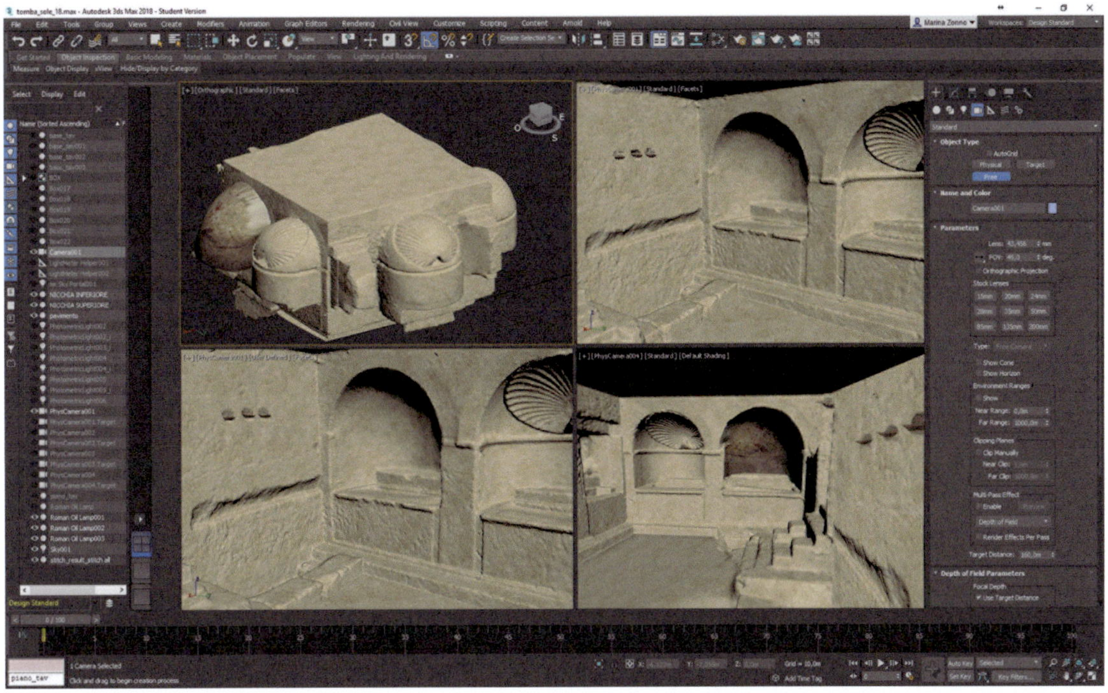

Fig. 4: 3D model of the Tomb N83 created by 3DStudio Max software.

In the case of a wooden door, the lamps could be lit when needed. Further investigations are expected to answer this question.

Looking at the remains of the inner space of the chamber, other points of artificial light can be supposed. Cut into the rock ground almost in the middle of the tomb is a visible square hollow. Probably it was for inserting a squared limestone or marble element, an altar,[13] or the pedestal of a trapeza, on which funerary offers, firstly lamps, could be left (fig. 8).

A. S.

3D Model and Lighting Analysis of the Tomb N83

A 3D model of the rock-cut Tomb N83 was created to carry out the virtual analysis of the quantity and quality of the lighting performance.

The starting point for the reconstruction of the three-dimensional model of the tomb was the survey carried out by Arch. Donato Palumbo in June 2009[14] through a laser scanner topcon gls 1000, an instrument with a field of view (FOV) of 360° × 70°. The produced point cloud is the result of combining 8 partial laser-scans, conducted by different survey points. Each scan covers an angle of 45° × 70° and then joins the points into a single cloud. The instrument, equipped with an integrated camera, performed the photographic images from each station, colouring the vertices to highlight the materials and the wall painting.

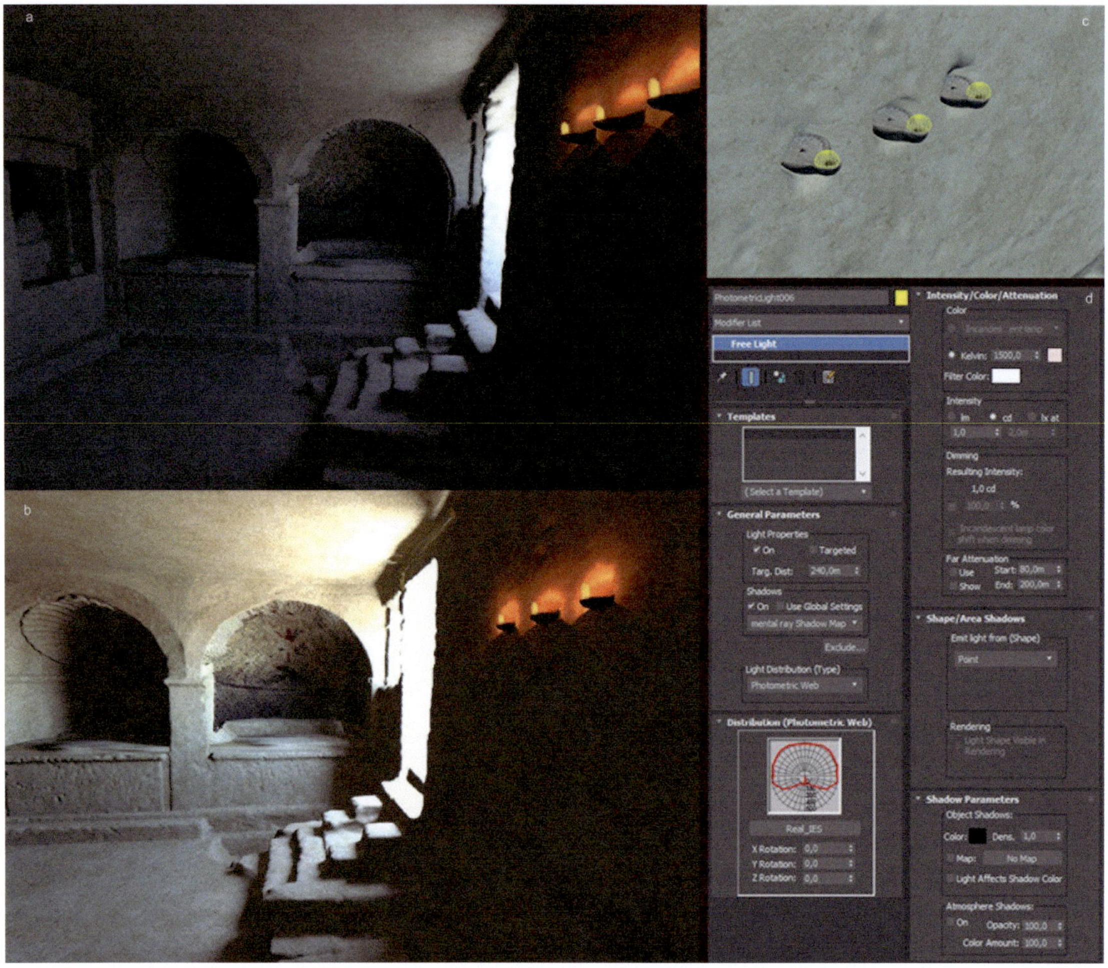

Fig. 5: Scenario with combined daylight and artificial light in summer at 7:00 a.m (a) and at midday (b), detail of the three lamps (c), and photometric setting of oil lamp in 3DMax (d).

Direct investigations on site with the laser scanner are crucial to detect metric characteristics, formal aspects, as well as the materials and their state of deterioration.[15] Despite the lack of information about the ceiling and flooring, the analysis of photographs from previous publications[16] made it possible to reconstruct the whole model by transforming the point clouds in the mesh. It was also possible to supply the small missing areas inside the arcosolia by comparison with the contiguous walls and the homogeneity of the rock into which the funerary chamber was cut.

Then, the model was imported into 3DHop (3D Heritage Online Presenter) in order to manage, measure, and visualize the tomb online.[17] 3DHop is an open-source visualization software package developed by the ISTI institute of the CNR for creating interactive web presentations of high-resolution 3D models. It is oriented to the Cultural Heritage field and to the integration of 3D and other contents (e.g. texts and multimedia forms).[18]

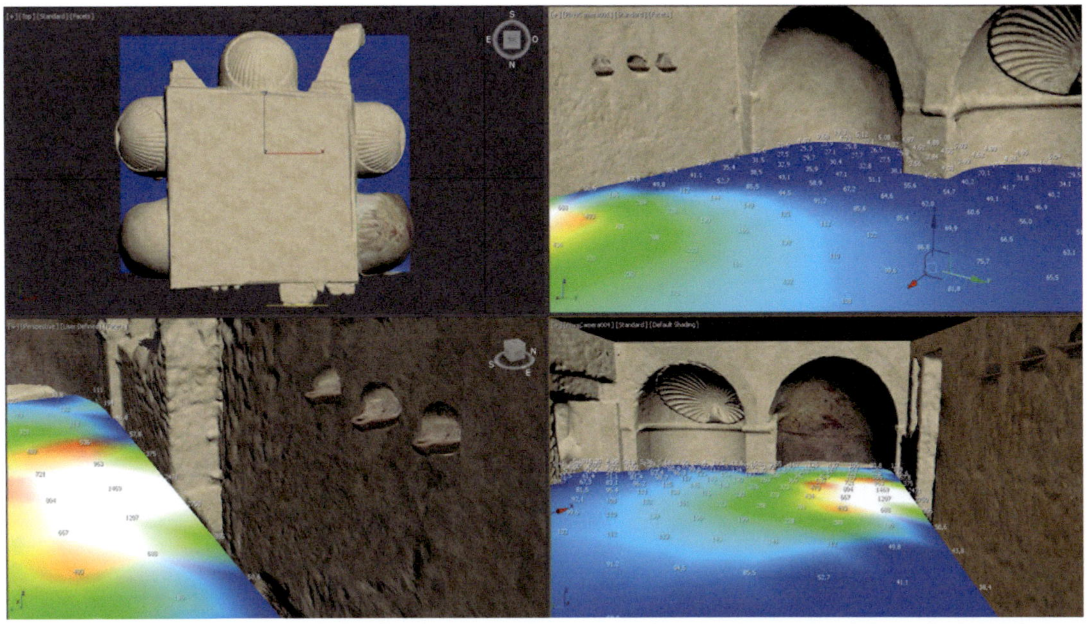

Fig. 6: Distribution of natural and artificial light on the horizontal visual plane.

In fact, this model in 3DHop can be used as a tool for the knowledge of the tomb, thanks to the insertion of informative clickable hotspots in different colours. These recall historical documentation in the form of texts, images, and external links (fig. 2). It also shows the state of degradation induced by numerous acts of vandalism, such as writings on the walls (including on the painted ones).

This interactive model also was useful to analyse the architectural features remotely in order to verify the precise position of the three niches close to the Demetria inscription. The black smoke spots[19] on these contribute to the simulation of the original position of the lamps.

From the model in 3DHop, it is also evident that the natural light in the tomb spreads from two openings (the entrance door and the nearby window); due to their asymmetrical position, the left side is in low light conditions (fig. 3).

Starting from the model created by laser scanning, the Autodesk 3D studio Max software was used for modelling the tomb, in order to simulate the lighting conditions within the reconstructed environment (fig. 4). Both the characteristics of the materials related to the lighting analysis (reflectance, colour, type of surface finish, etc.) and the system of daylight were inserted. This software geometrically models complex spaces and creates lighting scenarios with natural, artificial, or combined light, and analyses the luminance levels. These tools are customised to the needs of lighting designers.[20] For the reconstruction of the artificial light, the standard model developed on the basis of ancient clay oil lamps for case studies in Greek contexts was applied.[21] A fundamental phase was the creation of virtual prototypes of ancient lamps composed of the 3D model of the lamp in its geometric, dimensional and

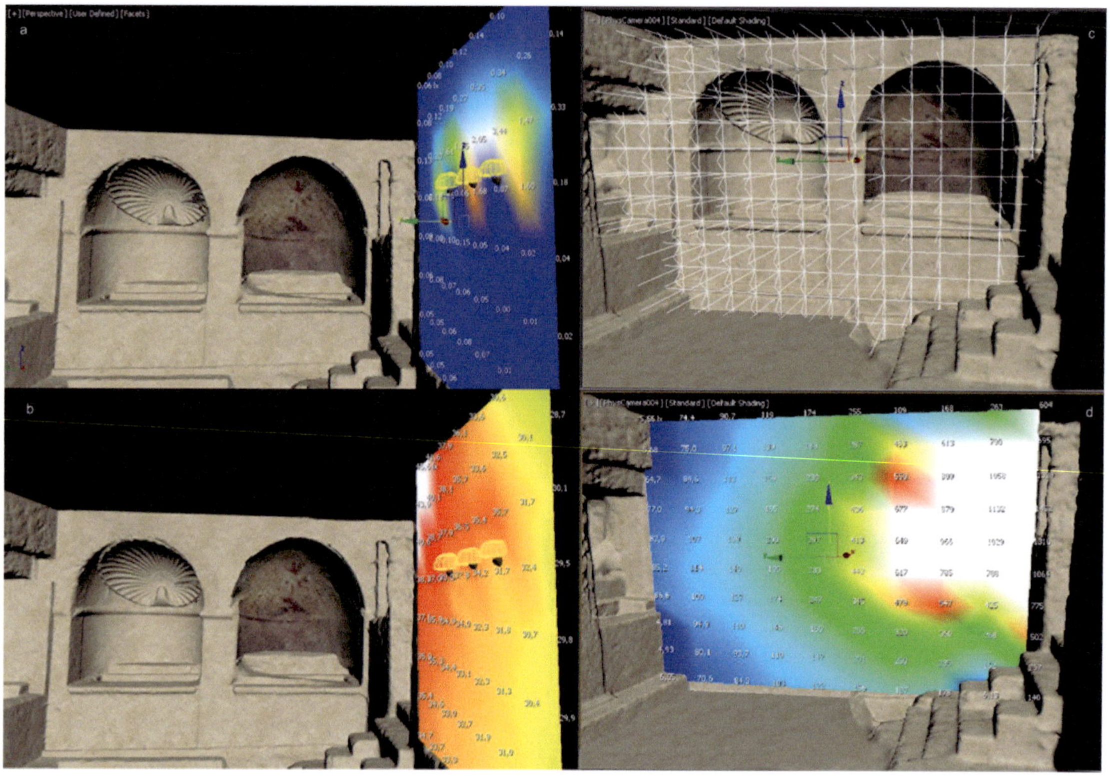

Fig. 7: Lighting distribution: direct light by oil lamps (a), and total light (b) on the north wall, natural light on vertical visual planes near the entrance (c–d).

material characteristics and the photometric file (.ies). This included reproducing the photometric characteristics of an oil lamp with a cotton wick (1 cm). The distribution of light was defined by reference to previous studies[22] and photometric diagrams existing in literature.[23] A goniophotometer verification of one or more combined ancient oil lamps is ongoing.

A generic 3D model of a one-nozzle clay oil lamp, with a reservoir of medium size (in accordance with the dimensions of the niches) was used for the environment of the Tomb N83. As the photometric distribution shows, this object produces the greatest amount of light directed upward, but a portion is directed downward as well, producing reflections off of the surface affected by light. Since it emits a very warm light, the colour temperature introduced for the oil lamplight is very low (1500K°) (fig. 5).

The evident lack of uniformity of light distribution is also shown by the studies of light in the 3D model created with the 3Dmax software. Thus, the light generated by three oil lamps – one in each niche – are analysed in the simulated scenarios with combined lighting (daylight and artificial light by oil lamps), in different seasons and times of the day. The amount of daylight is very changeable since it depends on the seasons and climate conditions. The evident lack of uniformity in light distribution[24] is also highlighted by the studies of light in the 3D model created through the 3Dmax software (fig. 5).

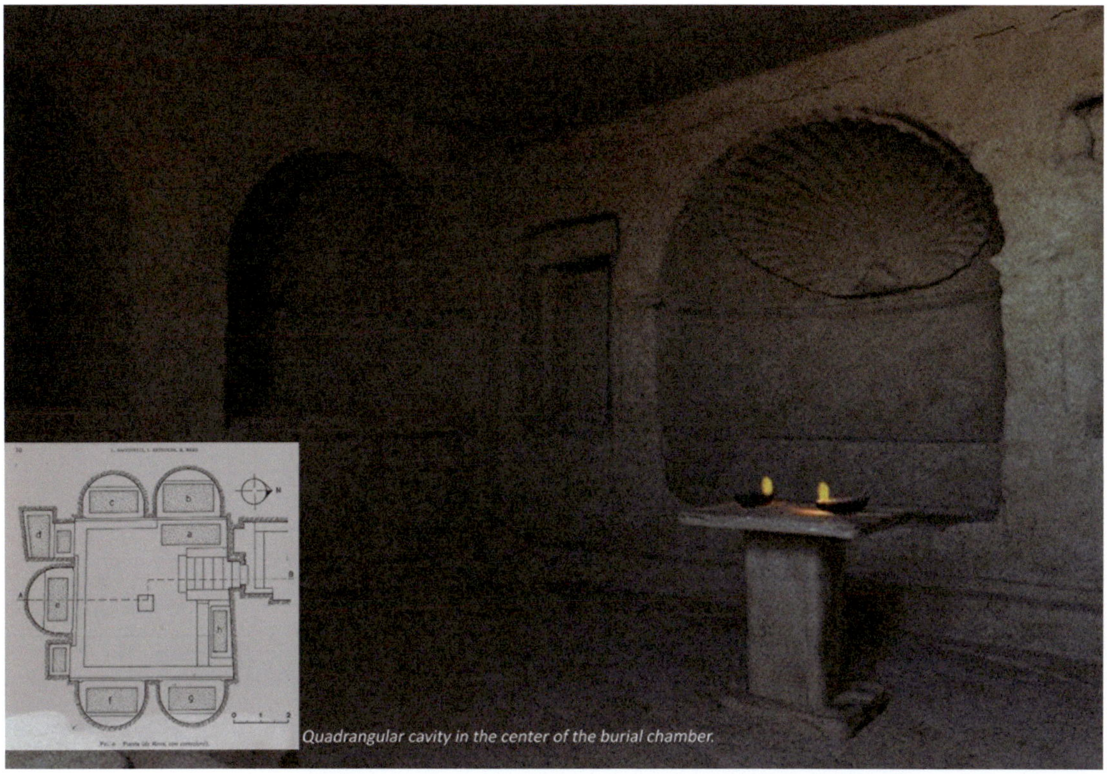

Fig. 8 Scenario with two oil lamps on a support element.

These elements have also been confirmed by the lightmeter function of the 3Dmax program, which makes it possible to calculate and display lighting levels in a perspective viewport. The luminance values are mapped into pseudo-colours that represent the lighting levels on the chosen visual plane, (horizontal or vertical), and range from blue (minimum value) through cyan, green and yellow, red and white (maximum value).

Some of the results are shown. The calculated values indicate considerable differences (up to over 2500 lux in summer) between the area near the entrance and the area on the left (fig. 6).

Moreover, the simulation with the three lamps in the niches shows an increase of the luminance levels on the wall, making it useful to read the Demetria inscription. In this case, the light of the flames should have effects not only on the emotional perception but also on the visual ability needed to perform the visual task of text reading. On the contrary, it had no influence on the fruition of the wall paintings.

Additionally, this study analysed the distribution of daylight on the vertical visual plane of the area near the entrance, where the wall painting is located. This results in the parts most illuminated by natural light (fig. 7). Since the Roman lamps were portable artificial lights, they could be located in different places. Therefore, another scenario is created based on the hypothesis concerning the quadrangular hollow (60 × 60 cm) that exists in the centre of the burial chamber. As assumed previously, this had the architectural function of supporting a lithic element, maybe the pedestal of a trapeza for funerary offers, among which could be oil lamps. Therefore, a geometric shape simulating a generic element of a trapeza was created to virtually place two lamps and reproduce the atmosphere of ritual practices (fig. 8).

P. L. – M. Z.

Conclusions

A 3D survey of the Demetria Tomb/N83 constitutes an important documentation, considering its ongoing degradation.[25] For this reason the tomb was modelled as a case study, despite some limits of the initial 3D survey and even if some archaeological questions concerning its reconstruction remain unresolved.

The method applied for the creation of a virtual interpretative model was demonstrated to be a concrete tool for valorisation, tourism and for the promotion of the scientific data. Thanks to the use of ICT (Information and Communication Technology), the interactive web pages give the possibility to communicate and spread information about ancient contexts. The virtual reconstruction results are very useful for studies on ancient lighting in connection with the architectural context. Furthermore, the photorealistic scenarios provide an additional and emotional perception of the light inside Roman tombs, and give functional data to the current lighting design of ancient spaces.

Notes

[1] Cf. Schneider – Wulf-Rheidt 2011; Moullou 2015.

[2] For the natural lighting inside the tombs cf. Knosala 2011.

[3] Di Vita-Evrard et al. 1996, 119 and note 19, pl. LVI c.

[4] For this and other examples, Santucci 2019 (with bibliographical references).

[5] For a standard duration of ancient lamps in connection with the fuel used, cf. the contribution by M. Broich-Höhner in this volume.

[6] For the latest edition of the tomb and its wall paintings, Santucci 2017.

[7] Bacchielli et al. 1992, 18–21 fig. 14.

[8] Bacchielli 1990/1991, figs. 4.7.9, tavv. I–III.

[9] Cf. Rowe 1959, 10 'three lamp niches'; Bacchielli et al. 1992, 14.

[10] In the houses at Delos the lamp niches have a lower height of around 1.5–2 m from the floor, cf. Moullou 2015, note 51 with other references.

[11] Bacchielli et al. 1992, 14 fig. 2.

[12] Santucci – Thorn 2003, 192.

[13] Bacchielli et al. 1992, 9 f. fig. 6.

[14] For the general project by the University of Chieti, Menozzi – Tamburrino 2012.

[15] Lercari et al. 2016.

[16] Bacchielli et al. 1992; Santucci 2017.

[17] The 3D visualization of the tomb can be found at the online address: http://www.it.cnr.it/ba/3D/cirene/.

[18] Potenziani et al. 2015.

[19] Thorn 2005, fig. 173.1.

[20] Papadopoulos et. al. 2009.

[21] Moullou et al. 2012a.

[22] Moullou et al. 2012a.

[23] Moullou et al. 2012b.

[24] UNI EN 12464-1, 2011.

[25] For the current risks involving Libyan cultural heritage, Mugnai et al. 2017, with references on the various aspects of the problem; for the contribution of 3D survey in preserving cultural heritage at risk, Núñez Andrés et al. 2012.

Image Credits

Fig. 1: © University of Urbino, Historical Archive of the Italian Archaeological Mission at Cyrene. – Figs. 2–8: © ITC-CNR Bari.

References

Bacchielli 1990/1991

L. Bacchielli, La tomba cirenea del Buon Pastore, RendPontAc 63, 1990/1991, 3–21.

Bacchielli et al. 1992

L. Bacchielli – B. Rees – J.M. Reynolds, La Tomba di Demetria a Cirene, QuadALibia 15, 1992, 5-22.

Di Vita-Evrard et al. 1996

G. Di Vita-Evrard – L. Musso – F. Mallegni – S. Fontana, Le necropoli di Leptis Magna, I. L'ipogeo dei Flavi a Leptis Magna presso Gasr Gelda, LibAnt n.s. 2, 1996, 85–133.

Knosala 2011

T. Knosala, Licht im Reich der Schatten. Beobachtungen zu Metamorphose und Bedeutung des Lichtes im Kontext römischer Grabbauten, in: Schneider – Wulf-Rheidt 2011, 183–204.

Lercari et al. 2016

N. Lercari – J. Shulze – W. Wendrich – B. Porter – M. Burton – T. Levy, 3-D Digital Preservation of At-Risk Global Cultural Heritage, in: C.E. Catalano – L. De Luca (eds.), Proceedings of Eurographics Workshop on Graphics and Cultural Heritage – Genova 5–7 October 2016 (Goslar Germany 2016) 123–126.

Menozzi – Tamburrino 2012

O. Menozzi – C. Tamburrino, Laser Scanning and Infra-Red Thermographic Prospecting for Diagnostic Mapping and Restoration Projects: the Case of the Painted Tombs at Cyrene (Libya), in: M. Ioannides et al. (eds.), Progress in Cultural Heritage Preservation, Proceedings of the 4th International Conference 'EuroMed 2012' – Lemessos, Cyprus 29 October – 3 November 2012 (New York 2012) 343–348.

Moullou 2015

D. Moullou, Lighting Night-Time activities in Antiquity, in: M.E. Micheli – A. Santucci (eds.), Lumina, Atti del convegno internazionale – Urbino 5–6 giugno 2013 (Pisa 2015) 199–212.

Moullou et al. 2012a

D. Moullou – E.N.D. Madias – L.T. Doulos – C.A. Bouroussis – F.V. Topalis, Lighting in Antiquity, in: M. Kostic (ed.), Proceedings of 5th Balkan Light International Conference – Belgrade 3–6 October 2012 (Belgrade 2012) 237–244.

Moullou et al. 2012b

D. Moullou – N. Bisketzis – Ch. Tselonis – D. Egglezos – O. Filippopoulou – F.V. Topalis, Methods and Tools for the Study of Artificial Illumination in Antiquity, in: N. Zacharias (ed.), Proceedings of the 2nd Archaeological Research and New Technologies Conference – Kalamata 21-23 October 2010 (Kalamata 2012) 107–114.

Mugnai et al. 2017

N Mugnai – J. Nikolaus – D. Mattingly – S. Walker, Libyan Antiquities at Risk: Protecting Portable Cultural Heritage, LibStud 48, 2017, 11–21.

Núñez Andrés et al. 2012

A. Núñez Andrés – F. Buill Pozuelo – J. Regot Marimón – A. de Mesa Gisbert, Generation of Virtual Models of Cultural Heritage, Cult. Herit. 13, 2012, 103–106.

Papadopoulos et al. 2009

C. Papadopoulos – G.P. Earl, Structural and Lighting Models for the Minoan Cemetery at Phourni, Crete, in: K. Debattista – C. Perlingieri – D. Pitzalis – S. Spina (eds), Proceedings of the 10th International Symposium on Virtual Reality, Archaeology and Cultural Heritage VAST (2009) St. Julians, Malta 22–25 September 2009 (Aire-la-Ville Switzerland 2009) 57–64.

Potenziani et al. 2015

M. Potenziani – M. Callieri – M. Dellepiane – M. Corsini – F. Ponchio – R. Scopigno, 3DHOP: 3D Heritage Online Presenter, Comput. Graph. 52, 2015, 129–141.

Rowe 1959

A. Rowe, Cyrenaican Expeditions of the University of Manchester 1955–1957, Comprising an Account of the Excavated Areas of the Cemeteries at Cyrene and of Objects Found in 1952 (Manchester 1959).

Santucci 2017

A. Santucci, Le pitture della Tomba di Demetria-N83 a Cirene: nuova restituzione grafica, nuove questioni interpretative, LibAnt n.s. 10, 2017, 105–135.

Santucci 2019

A. Santucci, Narrare l'illuminazione. Considerazioni sul repertorio letterario e iconografico del mondo greco e romano, in: L. Chrzanovski (ed.), Greek, Roman and Byzantine Lamps from the

Mediterranean to the Black Sea, Acts of the 5th International Lychnological Congress (Lumen! Sibiu 15th–19th September 2015), In Memory of Dorin Alicu, Monographies Instrumentum 63 (Drémil Lafage 2019) 256–271.

Santucci – Thorn 2003

A. Santucci – J.Copland Thorn, Tahuna/Windmill/Tomba dei Coniugi/N1: la grande tomba circolare della Necropoli Nord di Cirene, in: N. Bonacasa – A. di Vita (eds.), Scritti in memoria di Lidiano Bacchielli, QuadALibya 18 (Roma 2003) 183–204.

Schneider – Wulf-Rheidt 2011

P.I. Schneider – U. Wulf-Rheidt (Herg.), Licht-Konzepte in der vormodernen Architektur, Internationales Kolloquium Berlin 26. Februar – 1. März 2009, Diskussionen zur Archäologischen Bauforschung 1 (Regensburg 2011).

Thorn 2005

J.C. Thorn, The Necropolis of Cyrene. Two Hundred Years of Exploration, Monografie di archeologia libica XXVI (Roma 2005).

UNI EN 12464-1, 2011

UNI EN 12464-1, Light and Lighting, Lighting of Work Places. Part 1 : Indoor Work Places (July 2011).

Per un rinascimento cromatico. Gli interventi di nuova illuminazione nel Cenacolo Vinciano (Milano) e nella Cappella degli Scrovegni (Padova)

Piergiovanni Ceregioli

Abstract

Light is Back represents iGuzzini's commitment to Social Innovation through Lighting. Leonardo da Vinci's Last Supper (Milan) and the Scrovegni Chapel (Padua) are two of the masterpieces of modern art recently adopted by iGuzzini. Replacing the old fluorescent lighting system, a new LED lighting with the latest generation of luminaires was designed for the best visibility and conservation of these artworks. This new system highlights the chromatic richness and splendid details of both wall paintings, guarantees the control of light distribution, and reduces the heat dissipated inside the room and the absorbed power. Thermographic assessment and spectramorphic values are even lower than those stipulated by Italian and European standards for highly sensitive artworks. All the photometric values (both thermal and microclimatic) have been conducted and certified by the Photometry Laboratory for the Higher Institute for Conservation and Restoration (ISCR). Finally, a solution has been developed for integrating artificial with natural light inside the Scrovegni Chapel.

Gli interventi di rinnovo degli impianti di illuminazione per lo spazio architettonico e le pitture parietali di due contesti di eccellenza del patrimonio culturale italiano, quali sono il Cenacolo Vinciano[1] e la Cappella degli Scrovegni,[2] traggono origine dalla rivoluzione introdotta dal LED (Light Emitting Diode) nel campo della luce artificiale. Questa sorgente appartiene di fatto alla cultura digitale per concezione tecnologica degli apparecchi e loro interazione col mondo del web. Tra i suoi principali vantaggi sono l'efficienza energetica, che consente una notevole riduzione dei consumi, e la longevità delle sorgenti stesse, fino a 10 volte quella delle sorgenti tradizionali; inoltre, la composizione dello spettro visivo, che può migliorare la qualità della resa dei colori, e l'assenza di raggi ultravioletti ed infrarossi, che sono i principali fattori di rischio legati alla luce per le pitture, conferiscono alla tecnologia LED una notevole importanza nelle applicazioni per i beni culturali, in particolare per le opere pittoriche.

La qualità dei colori che percepiamo, infatti, è essenzialmente il prodotto delle caratteristiche spettrali del colore stesso (che in fisica si chiama 'fattore di riflettanza spettrale'), delle capacità percettive dell'osservatore e della qualità della luce che lo illumina. Se non cambiano le prime due, è la terza grandezza, la fonte di illuminazione, che determina la qualità del colore che percepiamo, ossia la sua tinta, il suo grado di saturazione (purezza) e di luminosità rispetto all'ambiente circostante. Attualmente gli indici con i quali viene effettuata la verifica di quanto una luce rappresenti i colori di una superficie dipinta tengono conto di due parametri: uno è la c.d. fedeltà cromatica, l'altro è l'estensione del numero di colori percepibili (Gamut), che concorre a distinguere meglio i particolari di scene dipinte. L'arricchimento del numero di frequenze emesse dalla luce di una sorgente LED permette di attivare una risposta cromatica dei pigmenti pittorici più simile a quella che produce la luce naturale, e ciò consente di avere, da un lato, una maggior fedeltà cromatica, dall'altro, di incrementare il numero dei colori percepibili, migliorandone anche il contrasto.

Le attuali progettazioni sfruttano appieno le tecnologie illuminotecniche ed informatiche al fine di accordare la luce naturale e quella artificiale nel modo più opportuno, ottimizzando la fruizione delle opere nel proprio contesto storico-architettonico. Le tecnologie digitali, sia relative alle sorgenti luminose che ai sistemi di controllo delle sorgenti stesse, permettono infatti un sostanziale avvicinamento della luce artificiale alle caratteristiche di qualità e variabilità proprie della luce naturale; i risultati sono controllabili con strumentazioni idonee e valutabili con nuovi e più accurati modelli di calcolo.

L'intervento nel Cenacolo Vinciano e quello nella Cappella degli Scrovegni, entrambi attuati in stretta collaborazione con il Laboratorio di Fotometria dell'Istituto Superiore per la Conservazione ed il Restauro di Roma,[3] sono stati legati da un medesimo obiettivo: migliorare la qualità percettiva dei colori al fine di ottimizzare la visione delle pitture. Non solo, però.

La luce artificiale è esente da UV e IR, il LED riduce ulteriormente la propria influenza sul deterioramento dei pigmenti, come pure il carico termico dissipato dall'impianto d'illuminazione. Tutto ciò costituisce quella che da tempo definiamo nel nostro campo 'conservazione preventiva'.

Nei contesti musealizzati anche l'illuminotecnica è soggetta ai criteri di monitoraggio e controllo delle condizioni ambientali e dei fattori di degrado legati alla presenza di gas inquinanti e di polveri disperse: il fine è accordare al meglio conservazione e fruizione. In questo senso le nuove metodologie illuminotecniche affiancano ed integrano gli obiettivi perseguiti da ogni restauro: potenziare la conservazione e la percezione di un'opera, contrastando per quanto possibile i segni che il trascorrere del tempo inevitabilmente lascia dietro di sé.

Il Cenacolo Vinciano

L'adozione del Cenacolo da parte di iGuzzini alla fine del 2014 ha comportato l'offerta di un nuovo impianto di illuminazione inclusivo di tutto il contesto entro cui è l'Ultima Cena, dunque anche della Crocifissione del Montorfano, del Refettorio e degli spazi esterni di accesso per i visitatori.[4] L'installazione del nuovo sistema è stata preceduta da analisi accurate condotte dal laboratorio di Fotometria dell'ISCR per valutare le criticità relative all'impianto preesistente e favorire la definizione di obiettivi di progetto che tenessero

Summary result

Metric	Test	Reference	Notes	Metric	Test	Reference
R_f	94	100	IES TM-30-15 Fidelity index	CCT	3384	3384
R_g	104	100	IES TM-30-15 Gamut index	D_{uv}	-0.0082	0.0000
CIE R_2	96	100	CIE Test Color Method General Index	x	0.4030	0.4120
R_9	90	100	CIE Test Color Method Sample Nine Score	y	0.3713	0.3940
LER	261	177	Luminous Efficacy of Radiation	u	0.2424	0.2387
				v	0.3350	0.3424
$R_{f,skin}$	96	100	Average of CES15 and CES18 (skin)	u'	0.2424	0.2387
				v'	0.5025	0.5136

Fig. 1: Cenacolo Vinciano: sinossi dei risultati relativi alla resa del colore secondo la metodologia TM30.

conto, oltre che della valorizzazione dell'opera di Leonardo, anche dell'interazione con gli altri parametri ambientali in modo da ridurre al minimo l'impatto di ogni nuova soluzione illuminotecnica sul Refettorio e gli altri dipinti.

L'Ultima Cena che vediamo ora emerge dal difficile e paziente restauro eseguito da Pinin Brambilla tra 1977 e 1999. Tuttavia, nell'impianto installato nel 2002, con le lampade fluorescenti dallo spettro discontinuo, l'abbinamento tra i bassi livelli di illuminamento sulle pitture (30-50 lux) e nella sala (10 lux) e la temperatura di colore di 4200 K generava la sgradevole sensazione di una luce dominante blu-verde livida, riducendo palesemente la brillantezza dei colori caldi della pittura, in particolare degli incarnati, rispetto ai colori freddi. Si trattava cioè di una condizione di visione quasi mesopica (quella che si ha quando il livello di illuminazione è intermedio e consente di rilevare le differenze di colore). Per ovviare a questo inconveniente bisognava tornare a una temperatura di colore più vicina ai 3000 K: così sono stati testati, sia nel laboratorio di Fotometria dell'ISCR a Roma sia nel Cenacolo stesso, due diversi tipi di LED COB (Chip On Board) caratterizzati da una CCT (Temperatura di Colore Correlata) diversa, pari rispettivamente a 3384K e 2950 K, entrambi con Ra (Indice di Resa Cromatica) rispettivamente di 95 e 92. La scelta, condivisa con la direzione museale e la restauratrice Brambilla, è caduta sul COB con CCT 3384 K, che permetteva di ovviare al meglio anche ai problemi percettivi dei pigmenti usati nel restauro. Infatti, nell'Ultima Cena i pigmenti per l'integrazione erano stati scelti valutandone la vicinanza con quelli originali alla luce di una sorgente fluorescente da 5500 K e di conseguenza nell'impianto del 2002 furono mantenute lampade fluorescenti per evitare effetti di metamerismo, ossia che i pigmenti integrati, illuminati da una lampada di differente natura, potessero essere percepiti come diversi da quelli originali, apparendo come una sorta di 'toppe' sul dipinto parietale. Le sorgenti luminose a spettro continuo, nel nostro caso il LED COB, ottengono invece non solo una resa del colore superiore a quella degli spettri discontinui tipici delle lampade a scarica o delle lampade fluorescenti, ma eliminano anche i problemi di metamerismo.

Inoltre, al fine di una migliore valorizzazione dell'opera restaurata, era indispensabile ampliare la restituzione visiva dei colori, in particolare riguardo alla gamma cromatica dei rossi. L'occhio umano, infatti, percepisce queste radiazioni a margine dello spettro

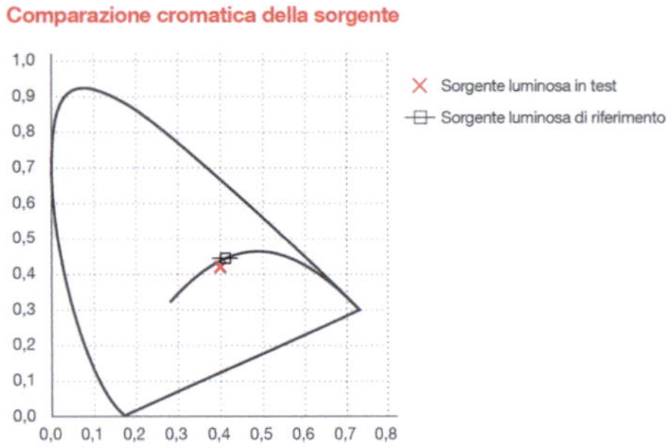

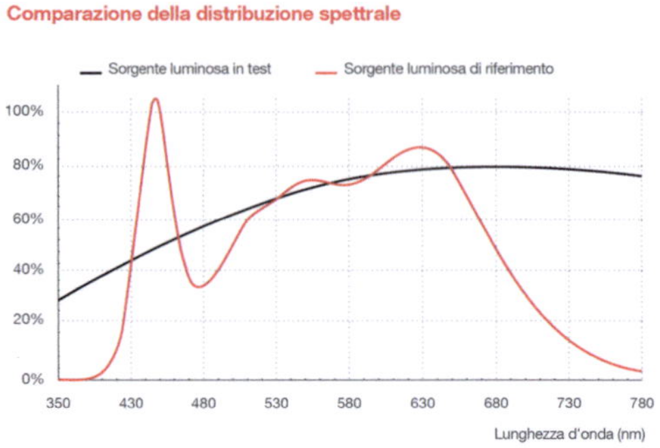

Fig. 2: Cenacolo Vinciano: comparazione cromatica della sorgente e comparazione della distribuzione spettrale.

visivo fino a 740 nm ca: la luce naturale con presenza della radiazione solare diretta ha una forte emissione in tutto il range dei rossi. I LED di uso generico abbattono quasi completamente la loro emissione nella gamma dei rossi a 680 nm ca, limitando così la risposta spettrale sugli incarnati, che esprimono la loro caratterizzazione cromatica proprio in questa specifica regione del visibile. Il LED COB scelto per L'Ultima Cena ha invece uno spettro che non solo determina una resa dei colori ottimale in tutto il campo del visibile, ma migliora anche quella dei rossi e in particolare nella gamma che connota le figure (fig. 1).

Per caratterizzare i parametri oggettivi, che risultano modificati dalla nuova illuminazione rispetto alla precedente, sono state effettuate acquisizioni colorimetriche, a qualche metro di distanza, da entrambi i dipinti nel Refettorio, utilizzando l'apparecchiatura DELTA ICAM per colorimetria d'immagine dell'ISCR. Il dispositivo, una sorta di occhio elettronico calibrato capace di effettuare rilevamenti estesi a tutta un'area dipinta, permette di analizzare punto per punto se cambiano le caratteristiche cromatiche sotto una certa luce rispetto ad un'altra e quali parametri sono mutati (lunghezza d'onda dominante, purezza del colore etc.). Ogni acquisizione consente di rilevare contemporaneamente una matrice di 700.000 punti di misura colorimetrica (Tristimulus) correlati con l'immagine del dipinto; in particolare, questo genere di operazione permette di quantificare e comparare le differenze di luminanza, saturazione e lunghezza d'onda dominante dei colori percepiti, impiegando come fonte di illuminazione da un lato i LED, dall'altro i tubi fluorescenti. Questa metodologia permette anche di registrare le variazioni di estensione della fascia di colore percepito (Gamut) nello spazio cromatico fisico CIE 1931 (figg. 2. 3). Complessivamente le differenze tra le due illuminazioni non riguardano soltanto l'estensione dell'area quanto piuttosto la purezza del colore: utilizzando i LED COB il Gamut si sposta sulla destra del diagramma tricromatico (fig. 4). Confrontando punto a punto sulla tavolozza, la purezza di eccitazione aumenta per quasi tutti i colori – anche sugli incarnati – tranne che per il blu, dove diminuisce. È questo probabilmente il motivo per il quale, nella scena, si ha la sensazione visiva che le singole figure emergano maggiormente nell'illuminazione con i LED.

Fig. 3: Cenacolo Vinciano: Estensione della risposta cromatica percepita (Gamut dei colori) nello spazio cromatico CIE 1931 (value limit 5 cd/m^2) per la zona centrale e la fascia centrale destra del dipinto. A sinistra la vecchia illuminazione a lampade fluorescenti, a destra la nuova a LED.

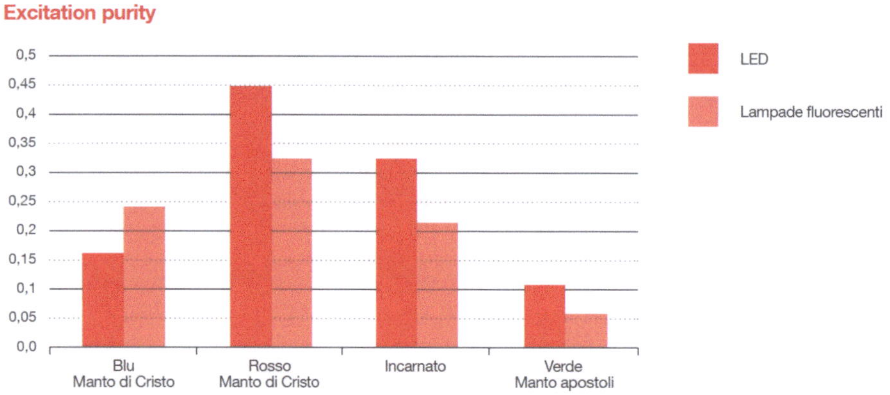

Fig. 4: Cenacolo Vinciano: Purezza di eccitazione di un singolo pigmento (rosso chiaro=lampade fluorescenti, rosso scuro=LED): maggiore è l'altezza dell'istogramma, maggiore è la saturazione del colore percepito.

La Cappella degli Scrovegni

L'intervento nella Cappella degli Scrovegni,[5] eseguito fra 2016 e 2017, è stato parimenti indirizzato a incrementare la resa cromatica dei colori e la percezione visiva delle scene, migliorando innanzitutto gli spettri luminosi emessi dalla luce artificiale. Anche in questo caso, si è effettuato il passaggio da un impianto con lampade fluorescenti ed alogenuri metallici discontinui, istallato nel 2003, ad un'illuminazione a LED, capace di avvicinarsi notevolmente alla luce naturale e contenente nello spettro continuo tutti i colori del visibile. Ma rispetto al Cenacolo Vinciano, si è potuto operare con una nuova, ulteriore risorsa tecnologica, che permette di modificare dinamicamente anche la temperatura di colore (CCT) e quindi la tonalità della luce, per renderla più vicina alla variazione dello spettro della luce solare; questa penetra infatti nella Cappella dall'esterno e cambia continuamente i suoi equilibri a seconda delle condizioni metereologiche e dell'angolo di incidenza dei raggi. L'ambiente degli Scrovegni è molto diverso da quello del Cenacolo, privo di luce naturale; nella Cappella invece non solo ci sono ampie vetrate, ma queste sono persino collocate su un'unica parete, creando contrasti visivi che possono diventare molto forti in alcune ore del giorno, a discapito di un pieno godimento dell'opera da parte dei visitatori, poiché le pitture della parete finestrata si trovano controluce (e le finestre non possono essere schermate), mentre quelle della parete di fronte sono investite da una notevole luminosità. L'impianto LED, però, è in grado di ridurre l'apporto di illuminazione artificiale su quest'ultima parete, pur rimanendo nei limiti imposti per la corretta conservazione degli affreschi. E lo stesso vale, benché per un arco di tempo più limitato nella giornata, anche per la parete con il Giudizio Universale sulla controfacciata, dove si trova una grande trifora.

Quindi, la temperatura di colore scelta come riferimento è stata proprio quella della luce naturale proveniente dalla trifora di sud-ovest nelle ore intermedie del pomeriggio, considerata la migliore – più bella e suggestiva – dai visitatori e dalla direzione del complesso, la quale in termini numerici corrisponde a 3840 K. Le sorgenti LED, selezionate tra quelle con maggiore completezza dello spettro e con emissione nell'area cromatica dei rossi estesa ad oltre 740 nm (rispetto al limite di 690nm dell'impianto precedente) hanno notevolmente migliorato la 'fedeltà cromatica' delle pitture ed ampliato l'area dei colori distinguibili.

Inoltre, con il nuovo impianto, la composizione cromatica delle emissioni luminose ha ridotto di circa il 25% la propria influenza sul deterioramento dei pigmenti e ciò permette di incrementare sia la dose di luce annuale restando nei limiti ammessi dalle normative europee, sia la durata dell'esposizione delle pitture. La Cappella degli Scrovegni è aperta al pubblico 10 ore al giorno per 363 giorni l'anno, si stimano circa 3500 ore di illuminazione degli affreschi ai fini della fruizione e valorizzazione del complesso. Tradotto in termini di prestazione tecnica significa che il valore di illuminamento medio su entrambi le pareti è di 87 lux, che determina un valore di 304.500 lux/ore/anno prodotto dalla sola luce artificiale: circa il 50% di quella considerata ammissibile dalle norme. Inoltre, l'uniformità di illuminamento si attesta su valori Em/Emax superiori 0,8.

Anche la riduzione del carico termico dissipato dall'impianto d'illuminazione è cospicua – nell'attuale condizione, circa il 60% dell'energia elettrica assorbita – il che genera una diminuzione del carico di lavoro pure per l'impianto di climatizzazione.

Nella Cappella degli Scrovegni sono stati effettuati rilevamenti sia di natura classica, riguardanti i livelli di illuminamento, la composizione di ultravioletto e infrarosso dello spettro della sorgente luminosa, sia di controllo cromatico utilizzando acquisitori spettrofotometrici. I dati sono stati elaborati con modalità di calcolo messe a punto dallo IES (Illuminating Engineering Society) con lo standard TM30 le quali permettono di ricalcolare la qualità della risposta del colore sottoposto ad un determinato spettro di eccitazione; il calcolo con TM30 è effettuato per una gamma di colori più ampia di quella utilizzata nel calcolo del Color Rendering Index e quindi produce un valore numerico più significativo della fedeltà cromatica su pitture.

Sono stati realizzati anche i controlli sui pigmenti reali presenti negli affreschi giotteschi, effettuando rilevamenti a mezzo di strumentazione per colorimetria di immagine. Nello specifico sono stati indagati i pigmenti di incarnati, aureole, cielo, abiti etc., verificando che, con il tipo di luce scelta per la base d'illuminazione, la purezza del colore dei cieli è rimasta invariata rispetto alle precedenti fonti di luce artificiale, mentre il livello di saturazione di tutti gli altri colori (in particolare delle tonalità calde) ha registrato un incremento significativo, cioè: le vesti, i volti dei personaggi, gli sfondi, le aureole appaiono più distinti e percepibili (fig. 5).

L'adozione nella Cappella degli Scrovegni di LED Tunable White, gestibili con un sistema di controllo, permette una regolazione attenta della miscelazione degli spettri continui dei singoli LED e consente di definire sul posto lo spettro di emissione ottimale sia con misurazioni della variazione della purezza del colore che con la comparazione visiva direttamente sull'opera (figg. 6. 7). Per i controlli sono stati adottate, oltre alle tradizionali tecniche di misurazione spettrofotometriche (spettrometro a fibre ottiche Ocean Optics,

Test Source

R_f	95
R_g	101
CCT (K)	2706
D_{uv}	-0,0011
x	0,4574
y	0,4070
CIE R_a	97

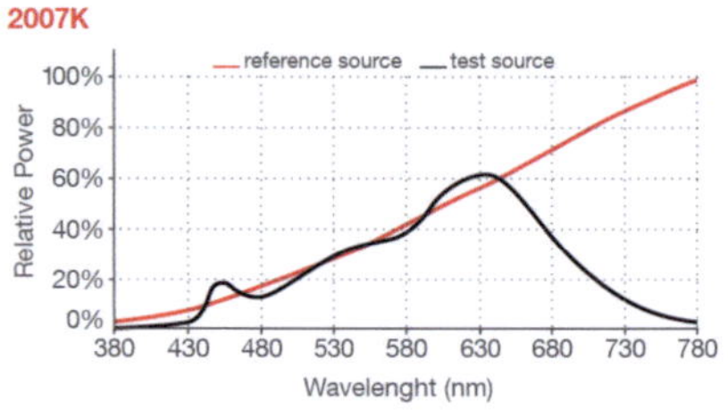

Test Source

R_f	87
R_g	104
CCT (K)	5796
D_{uv}	-0,0023
x	0,3262
y	0,3312
CIE R_a	90

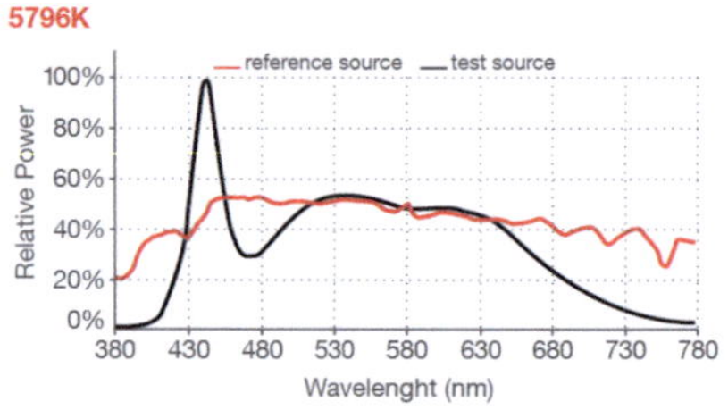

Test Source

R_f	92
R_g	105
CCT (K)	3780
D_{uv}	-0,0068
x	0,3851
y	0,3652
CIE R_a	96

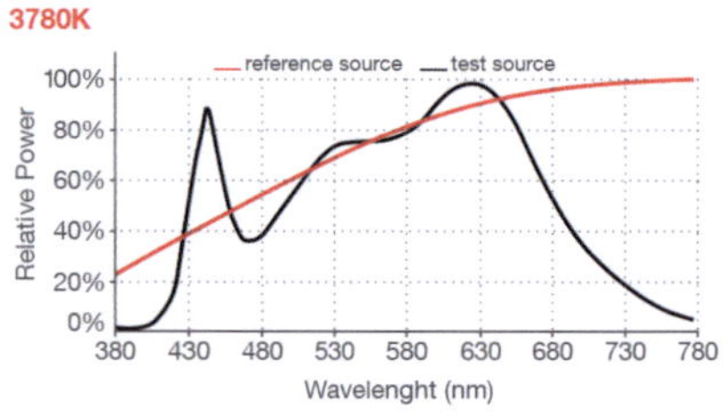

Fig. 5: Cappella Scrovegni: distribuzione spettrale degli apparecchi Laser Blade Tunable white nella configurazioni: 2706K-5796K-3780K.

spettrofotometro Konica Minolta CL500a), anche acquisizioni con tecniche di colorimetria d'immagine, con l'utilizzo di un colorimetro/luminanziometro 2D ICAM Delta (fig. 8).

Grazie ai due limiti 2700 K e 5700 K degli apparecchi di illuminazione a LED Tunable White si possono ottenere, in momenti determinati, condizioni di luce di temperatura intermedia, compresa quella individuata come ottimale (3800k): ad esempio durante le visite accompagnate da attori in costumi d'epoca è possibile accogliere il pubblico 'a lume di candela' (2700k) per poi rivelare i colori sotto una luce di più elevata fedeltà cromatica e simile a quella che filtra dalle finestre in un giorno di sole (4500K).

L'integrazione di luce naturale e luce artificiale è realizzata con tecnologia IoT. L'unità di sensing sviluppata da WiSense[6] per la Cappella degli Scrovegni, posta a bordo di ogni nodo della Wireless Sensor Network (WSN) per Internet of Things e basata su un'architettura IPv6 (Internet Protocol version 6) di nodi sensori, misura l'illuminamento e la temperatura di colore per tutto il tempo di presenza della luce naturale. Il cuore delle soluzioni proposte è costituito dal WSNode, un concentrato di tecnologia che permette la connessione ad Internet di qualsiasi oggetto associando ad esso un indirizzo IP univoco a livello globale.

Fig. 6: Cappella degli Scrovegni: Battesimo di Cristo e Crocifissione.

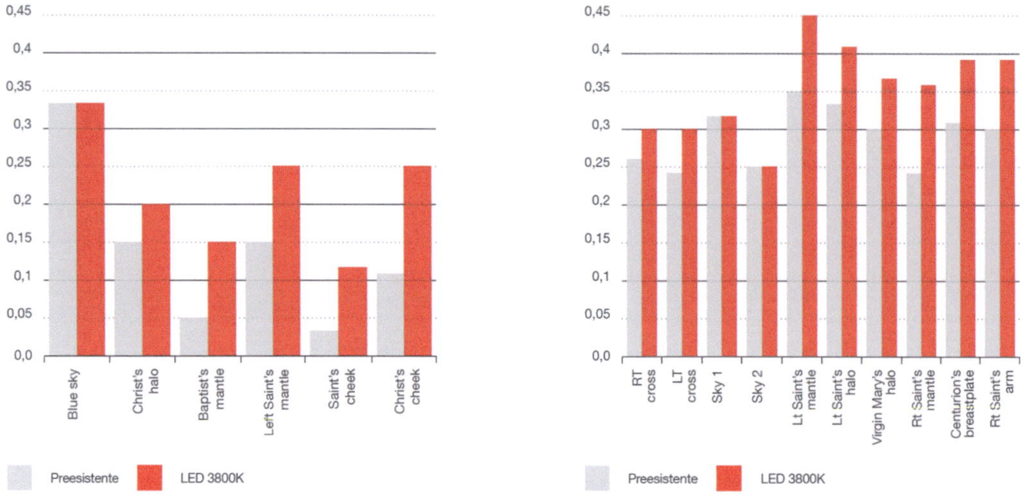

Fig. 7: Cappella Scrovegni: Variazione della purezza del colore nel Battesimo di Cristo e nella Crocifissione (grigio=illuminazione precedente; rosso: LED).

I sensori nella Cappella, oltre a rilevare intensità e caratteristica spettrale della luce naturale presente, sulla base dei dati acquisiti variano automaticamente e in tempo reale la quantità e la qualità della luce artificiale, in modo da integrare quella naturale fino al raggiungimento dei valori definiti in fase di progetto.

Il nuovo impianto, regolabile con l'aggiunta di un dispositivo a microprocessore programmabile e di appositi trasduttori, è ottimizzato per rendere possibili:

a) la regolazione differenziata dell'illuminazione delle pareti finestrate rispetto a quelle irraggiate (compensazione direttamente proporzionale sulle prime per equilibrare l'abbagliamento ed inversamente proporzionale sulle seconde per evitare una sovra-illuminazione);

b) l'omogeneizzazione (matching) della temperatura di colore delle sorgenti artificiali a quella del regime di luce naturale.

Ora stiamo studiando le regole affinché un sistema automatizzato determini una tonalità della luce artificiale tale da "intonarsi" quanto più possibile all'illuminazione proveniente dall'esterno. Questi dati consentiranno di studiare le regolazioni utili ad erogare, in qualsiasi momento della giornata, la luce artificiale più opportuna, sempre nei limiti dei livelli massimi ammessi dalla normativa vigente.

È la prima volta che si sviluppa un progetto organico di questo tipo: alcune regole del gioco vanno ancora individuate e probabilmente occorrerà un po' di tempo per definirle.

Note

[1] iGuzzini 2017a; <https://www.iguzzini.com/projects/light-is-back/the-last-supper/>.

[2] iGuzzini 2018; <https://www.iguzzini.com/projects/light-is-back/the-scrovegni-chapel/>.

[3] Aramini 2017; Aramini 2018; Capponi 2018; Gugliemi 2018.
[4] Sul complesso, Artioli 2017; Bandera 2017; Napoleone 2017; Rostagno 2017.
[5] Sul complesso, Colasio 2018; Basile 2018; Banzato 2018.
[6] Start up innovativa nata nel 2014 dall'Università Politecnica delle Marche, <http://www.wisense.it/>.

Indice delle figure

Fig. 1–7: © iGuzzini illuminazione.

Bibliografia

Aramini 2017
F. Aramini, Il progetto illuminotecnico, in: iGuzzini 2017a, 55–67.

Aramini 2018
F. Aramini, L'intervento presso la Cappella degli Scrovegni, in: iGuzzini 2018, 51–62.

Artioli 2017
A. Artioli, Le vicende storiche, in: iGuzzini 2017a, 15–29.

Bandera 2017
S. Bandera, L'analisi figurativa, in: iGuzzini 2017a, 33–43.

Banzato 2018
D. Banzato, La luce tra conservazione fruizione, in: iGuzzini 2018, 31–39.

Basile 2018
G. Basile, Giotto, la Cappella e il suo Committente, in: iGuzzini 2018, 15–29.

Capponi 2018
G. Capponi, L'ISCR e la Cappella degli Scrovegni, in: iGuzzini 2018, 42–47.

Colasio 2018
A. Colasio, L'Urbs picta: Giotto e la Padova carrarese, in: iGuzzini 2018, 4–10.

Dall'Aglio 2017
L. Dall'Aglio L 2017, Il restauro e la conservazione, in: iGuzzini 2017a, 69–75.

Guglielmi 2018
Gugliemi A. 2018, L'opinione di un restauratore, in: iGuzzini 2018, 48–50.

iGuzzini 2017a
iGuzzini (ed.), Leonardo. Il restauro percettivo (Recanati 2017).

iGuzzini 2017b
iGuzzini (ed.), Cenacolo Vinciano. Il rinascimento cromatico (Recanati 2017).

iGuzzini 2018
iGuzzini (ed.), Giotto: il recupero percettivo (Recanati 2018).

Napoleone 2017
G. Napoleone, La musealizzazione, in: iGuzzini 2017a, 45–51.

Pierleoni 2018
P. Pierleoni, L'Internet of Things applicato ai Beni Culturali, in: iGuzzini 2018, 69–74.

Rostagno 2017
C. Rostagno, Il Cenacolo del futuro, in: iGuzzini 2017a, 89–93.

Stevan 2018
A.G. Stevan, Conservazione preventiva dei dipinti murali e impianti tecnici, in: iGuzzini 2018, 63–68.

Marmo e vetro: l'illuminazione di design in età moderna e contemporanea

Massimo Zammerini

Abstract

Starting from the new sources of lighting that have today introduced a new aesthetic in the lighting fixtures, the paper wants to introduce materials and shapes of ancient artifacts in the contemporary dimension of architecture and design. The purpose is to evaluate their possible use and their effects.

Premessa

La relazione tra la forma e la luce, oggetto di studio, critica e sperimentazione in campo tecnico e artistico, si compone di una parte materiale e di una parte immateriale. Quando la luce investe le cose ne rivela la forma, mentre in assenza di materia da illuminare essa è pura fonte luminosa. Attraverso la facoltà di vedere la critica ha costruito un'imponente impalcatura teorica sulle arti, alla quale partecipano le facoltà uditive che integrano l'esperienza visiva, il tatto (attraverso il quale ci appropriamo delle forme con il contatto diretto), e l'olfatto, che nell'uomo non è così sviluppato rispetto alla maggior parte delle specie animali. La percezione della forma è dunque un'esperienza multisensoriale, e non c'è forma, nel nostro ragionamento, che sia data in assenza di materia, che ci è dato vedere in presenza della luce.

Ci occupiamo infatti della relazione che lega la luce alla materia: una materia che proviene dalla natura, il marmo, e il vetro, un prodotto naturale manipolato con procedimenti complessi dall'artificio dell'uomo. Di queste materie osserviamo le reazioni rispetto alle fonti di luce naturale e artificiale. Parliamo di materiali freddi messi a reagire rispetto alle sollecitazioni del calore di una fonte di energia calda o quasi fredda, prim'ancora che luminosa. Le temperature della luce qualificano la dimensione estetica del binomio luce-marmo, secondo un altissimo livello di elaborazione socio/economico/culturale, un'eccellenza alla quale si affiancherà il binomio vetro-luce destinato nel tempo ad una diffusione su larga scala grazie alle innovazioni tecniche. Il tema è far passare la luce attraverso una materia che assolva la funzione di schermo, che si frapponga tra la fonte luminosa e l'osservatore, per illuminare le azioni quotidiane negli ambienti della vita.

L'architettura, la pittura, la scultura, finanche la letteratura e la musica rimandano in ogni epoca una luce specifica, grazie alla materia, e al modo di forgiarla, di cui sono fatti gli edifici, raffigurata con maestria nel dipinto, catturata nell'arte statuaria, evocata dalla parola, trasfigurata nel timbro musicale. Ogni cultura ha elaborato una particolare idea della luce. Ogni luogo ha una sua luce che permane nel tempo e ripropone le sue variazioni nel ciclo delle stagioni e delle ore. La luce ha una doppia accezione: quella nelle condizioni di natura e quella che noi produciamo come artefatto in relazione alle nostre necessità particolari e al nostro sentire. Non possiamo fermare la luce nel suo percorso naturale che sposta incessantemente le ombre, mentre possiamo bloccare virtualmente in eterno un'emissione luminosa che riusciamo a produrre o a rappresentare. La luce artificiale è altra cosa rispetto alla luce naturale, può arrivare a condizioni di stabilità impensabili in natura: creata per scongiurare le tenebre, ha assunto nella modernità sovra illuminata dimensioni tali da rendere impossibile e impensabile la sua assenza.

Nel campo dell'architettura e della scultura il binomio luce-marmo sostanzia una ricerca progettuale e artistica millenaria. Le tecniche d'invenzione che permettono di far reagire la materia marmorea sotto gli effetti della luce calda del sole (e della luce fredda della luna) si rincorrono nei secoli, dal mondo greco fino a Roma, dall'epoca medioevale al Rinascimento fino al Barocco e alla nascita dell'età moderna, secondo variazioni che restituiscono la testimonianza tangibile delle vocazioni/attese del tempo.

Luce, vetro e marmo nel Novecento. Il virtuosismo e il rapporto con l'Antico

Il Novecento vede la piena affermazione della rivoluzione industriale e la diffusione della lampadina ad incandescenza perfezionata da Edison fin dal 1870. La luce elettrica permette un'illuminazione efficiente che favorisce quel processo di modernizzazione della società dove si afferma il tema della salubrità dell'alloggio, resa necessaria dai massicci fenomeni di inurbamento che l'industrializzazione comporta.[1] I temi del Funzionalismo si affermano. In particolare, con la nascita del Bauhaus diretto da Walter Gropius, modello insuperato di formazione multidisciplinare, si trasforma e si evolve la scuola delle Arts and Crafts fondata da William Morris nella direzione di un format educativo che include l'industria come primo interlocutore, con il quale costruire un'idea di diffusione di massa di un nuovo tipo di prodotto realizzato in serie.[2] Arte e industria al servizio dei bisogni dell'uomo moderno.

Il travaso dall'era preindustriale in quella industriale è ancora segnato, e per certi aspetti fino ai nostri giorni, dall'integrazione del lavoro della macchina con la finitura a mano. La persistenza della finitura a mano comunica l'idea di una continuità storica rassicurante che ricolloca il manufatto architettonico o l'oggetto di design (persino l'automobile o l'imbarcazione) in un processo di evoluzione che custodisce e tramanda le conoscenze e le abilità acquisite nella lunga durata del tempo passato. Mettere insieme le competenze differenti per realizzare un prodotto di alta qualità formale e tecnica, a poco prezzo e destinato ad un pubblico ampio, è la missione dell'industrial design, che non trascura, oltre al disegno del mobile e degli utensili, le lampade, dove spesso troviamo combinati alcuni materiali che già possiedono intrinsecamente qualità luminescenti evidenti: acciaio, vetro, marmo e successivamente le materie plastiche.

Di questi materiali vengono esaltate le proprietà riflettenti e di diffusione mediante la finitura: per l'acciaio la nichelatura e il bagno di cromo, per il vetro la trasparenza e la sabbiatura, per il marmo i trattamenti superficiali fino alla piombatura a specchio che esalta le venature.

L'uso del marmo nell'illuminazione ha una diffusione molto limitata, principalmente negli edifici sacri, ma nei pochi esempi realizzati il marmo ha una forza narrativa che deriva da tre fattori:

1) le caratteristiche intrinseche e le sue lavorazioni. Il marmo è un materiale naturale, pesante, viene estratto, tagliato e il suo spessore può raggiungere dimensioni minime; presenta venature; può essere tagliato in falda o contro falda; assorbe o riflette la luce in relazione alla sua finitura; può avere proprietà di parziale diffusione della luce (es. alabastro e onice)

2) la dimensione contestuale. L'esportazione lo ha reso nel tempo un materiale molto ricercato e ambito in relazione alla distanza del luogo di origine, secondo una fascinazione esotica; conserva fin dal nome la dichiarazione di provenienza (es. Nero del Belgio, Verde di Pontedera, Bianco Carrara, Rosso di Verona ecc.) ed è uno status symbol.

3) la dimensione storica. Nominarlo evoca tempi antichi e insieme attualità, come ogni creazione della natura è senza tempo, viene adoperato nelle diverse epoche con gusto differente, ha ispirato tecniche di riproduzione come la marmoridea, una tecnica risalente all'epoca romana che assembla gesso alle polveri di marmo, viene simulato nella finzione scenica con la pittura su supporti leggeri come il legno e il plexiglass.[3]

Il marmo riflette la luce, ma è dotato anche di facoltà di rifrazione se tagliato in spessori il più sottili possibili, pena la sua rottura. Pensare un diffusore di marmo è un virtuosismo, il massimo punto di espressione di una tecnica, come nel canto, nella danza, nell'ingegneria, nelle attività acrobatiche. Il marmo che fa passare la luce comporta una sfida che l'uomo intraprende nei confronti dei vincoli imposti dalla natura, ma perdura anche un altro riferimento, ovvero l'arte della scultura che trasfigura il virtuosismo in opera d'arte.

Il vetro è invece il materiale privilegiato per la diffusione e la parziale schermatura della luce naturale e artificiale. Dalla totale trasparenza, alla colorazione, alla satinatura, alla smerigliatura e alla molatura, anche il vetro viene sottoposto a forme di virtuosismo che nobilita il suo aspetto all'interno di uno scenario di eccellenza, e come il marmo ha una storia antichissima.

Architettura, progettazione degli interni e disegno dell'oggetto inseguono a cavallo tra Ottocento e Novecento l'idea dell'opera d'arte totale dove l'uso del vetro, e in misura minore del marmo, modulano la luce per creare atmosfere rarefatte.[4] In ordine cronologico riportiamo alcune opere che riteniamo emblematiche nell'utilizzo del vetro e del marmo in relazione alla luce, principalmente edifici pubblici di grandi dimensioni come serre, gallerie, esposizioni, alberghi, chiese ma anche 'case manifesto'.

Fig. 1: Charles Rennie Mackintosh, Scuola d'arte a Glasgow, 1896–1909, parzialmente distrutta da un incendio nel 2018, il bow window a tripla altezza funziona come una grande lampada di luce naturale.

Per l'uso del vetro, magistralmente impiegato ad esaltare le proprietà trasparenti, diafane e colorate ricordiamo: la Galerie d'Orleans di Fontaine a Parigi del 1829, la Palm House di Turner e Burton ai Kew Gardens di Londra del 1845–1848, il Crystal Palace a Londra del 1851, l'Hotel Tassel di Victor Hortà a Bruxelles del 1892, il Castel Beranger di Ector Guimard a Parigi del 1895–1898, la Scuola d'arte a Glasgow di Charles Rennie Mackintosh del 1896–1909 distrutta da un incendio nel 2018 (fig. 1); la Cassa di risparmio postale di Otto Wagner a Vienna del 1904–1912, il Padiglione di Vetro all'Esposizione del Werkbund di Bruno Taut a Colonia del 1914,[5] il progetto per un edificio per uffici sulla Friedrichstrasse di Ludwig Mies van der Rohe a Berlino del 1921, la serra nel Padiglione austriaco all'Esposizione delle Arti decorative di Parigi di Peter Behrens del 1925, la Maison de verre di Pierre Charreaux sempre a Parigi del 1928–1932, l'ingresso della Bieberbaulichtspiele di Emanuel Josef Margold a Francoforte del 1928, l'ingresso dello Strand Palace Hotel di Olivier Bernard a Londra del 1929;[6] la lampada in ottone nella sala principale del negozio di scarpe "Sommer & Kaufmann" di Akem Weber a San Francisco del 1930, la Casa sul lago per un artista di Giuseppe Terragni (Gruppo 7) alla V Triennale di Milano Parco del Palazzo dell'Arte del 1933 (demolita), l'allestimento della sezione

Fig. 2: Ludwig Mies van der Rohe, Padiglione tedesco all'Esposizione mondiale di Barcellona, 1929, ricostruito nel 1983-1986. La corte esterna rivestita in marmo verde 'filtrata' dai vetri verdognoli; nell'angolo, riflessa nello specchio d'acqua, la statua di Kolbe.

del vetro all'Esposizione Deutsches Volk – Deutsche Arbeit di Mies van der Rohe a Berlino del 1934,[7] il Johnson Wax Administration Building di Frank Lloyd Wright a Racine nel Wisconsin del 1936–1939 (e l'intera produzione di Wright con l'uso frequente delle vetrate piombate reinterpretate alla luce di un'estetica moderna[8]), il progetto per il Danteum di Terragni del 1938;[9] la Cappella di Notre-Dame du Haut di Le Corbusier a Ronchamp del 1950-1955, la 'finestra arredata' di Giò Ponti del 1954,[10] l'ingresso alla Cappella del MIT di Cambridge di Eero Saarinen del 1955; le tre case di Tadao Ando per l'uso del vetrocemento tutte del 1977–1978,[11] Casa Ishihara e Casa Horiuchi a Osaka e Casa Okusu a Tokyo, la Crystal Cathedral di Philip Johnson a Garden Grow in California del 1977–1980.

Molto più limitato l'impiego del marmo per le sue caratteristiche di diffusione della luce o per un uso comunque legato alle proprietà luminose e tra queste citiamo solo il Palazzo Stoclet di Josef Hoffman a Bruxelles del 1905–1910, il Kartner bar (oggi American bar) di Adolph Loos a Vienna del 1907, il Padiglione tedesco all'Esposizione mondiale di Barcellona di Mies van der Rohe del 1929 ricostruito nel 1983-1986 (fig. 2), la Caja General de Ahorros di Albero Campo Baeza a Granada del 2001.[12]

Fig. 3: Achille e Pier Giacomo Castiglioni, lampada da tavolo 'Taccia' a luce indiretta, 1962.

Ma c'è un particolare tipo di ambiente dove ritroviamo un uso simultaneo del vetro e del marmo per modulare la luce naturale e artificiale: gli androni di palazzi pubblici e residenziali di una certa importanza. In Italia, soprattutto nelle grandi città del nord più vicine alla mitteleuropa, ritroviamo alcune opere di autori talvolta non sufficientemente celebrati, in particolare a Milano, città che diventerà la capitale del design. Tra questi: Giulio Ulisse Arata per Casa Belli-Meregalli in via Cappuccini n. 8 del 1911–1914, Piero Portaluppi in via Vincenzo Foppa n. 4 del 1933–1934, Vincenzo d'Alo in viale Regina Giovanna n. 7 del 1935, Cesare Donini in via Tonale n. 9 del 1935–1936, Giuseppe Roberto Martinenghi in via Renato Fucini n. 5 del 1934–1935, Renato Ferrari in piazza VI Febbraio n. 10 del 1934–1936, Giuseppe Invitti in via Eugenio Vaina n. 2 del 1934–1937, gli edifici di viale Tunisia n. 32 del 1938–1940 e n. 44.[13] Opere che riflettono la grande spinta in avanti che caratterizza il passaggio prodotto dall'industrializzazione, dove soprattutto il vetro interpreta un'estetica dell'efficienza e della trasparenza, cavalcata peraltro anche dalla politica che in Italia in quegli anni diffonde per propaganda lo slogan della 'casa di vetro'.[14]

E proprio la ricerca ossessiva di slogan con i quali sintetizzare in poche parole significati complessi sostanzia una delle nuove forme di comunicazione che l'industrializzazione dei prodotti in serie richiederà a breve nella competizione tra le industrie: la pubblicità. Ai difficili anni della ricostruzione postbellica segue il fenomeno del boom economico. Tra la fine degli anni Cinquanta e l'inizio degli anni Sessanta, il settore del design

Fig. 4: Achille e Pier Giacomo Castiglioni, lampada da tavolo 'Taccia' a luce indiretta, 1962. I tre elementi che compongono la lampada: il basamento in metallo, il diffusore in vetro soffiato e il riflettore in metallo smaltato.

e dell'arredamento è in ascesa. L'industria, in particolare quella lombarda, chiama i migliori progettisti a disegnare anche le nuove lampade.

Una premessa è necessaria e riguarda il fatto che l'uso virtuosistico del vetro nelle lampade ha un riferimento importante nell'opera di Louis Comfort Tiffany con le vetrate e le lampade in vetro e piombo fuso risalenti al 1885, anno nel quale egli fonda una propria azienda vetraria. Queste lampade, oggi esposte nel Metropolitan Museum of Art di New York, nello Smith Museum of Stained Glass di Chicago, nel Charles Hosmer Morse Museum of American Art, a Winter Park, in Florida e, nella Haworth Art Gallery di Accrington in Inghilterra avranno un'enorme influenza poiché suggeriscono il recupero del tema della vetrata sacra nell'uso domestico dell'illuminazione, secondo una nuova estetica che affida all'oggetto domestico un valore espressivo come se si trattasse di un'opera d'arte, ormai collocata nell' 'era della sua riproducibilità tecnica' parafrasando il titolo del famoso saggio di Benjamin del 1935.[15]

Due lampade degli anni Sessanta

Analizziamo ora due opere di design degli anni Sessanta nelle quali l'uso della luce artificiale sostanzia la forma del marmo e del vetro. In questi due oggetti prodotti in serie

Fig. 5: Il Partenone di Atene, particolare del sistema costruttivo colonna-echino-abaco-trabeazione.

si rintracciano alcuni dei temi ai quali abbiamo accennato, ovvero il virtuosismo nella manipolazione della materia, un rinvio all'Antico e al tempo stesso una sperimentazione tecnica e formale: la lampada 'Taccia' disegnata da Achille e Pier Giacomo Castiglioni nel 1962 in vetro e metallo[16] (figg. 3. 4) e la lampada 'Biagio' disegnata da Tobia Scarpa nel 1968 realizzata completamente in marmo bianco statuario (fig. 6).

'Taccia' si offre ad interpretazioni multiple circa la sua origine semantica. La lampada da tavolo a luce indiretta si compone di tre elementi a pianta circolare appoggiati uno sull'altro senza vincoli. Una base, che alloggia uno spot ad incandescenza da 100 watt rivolto verso l'alto, composta da due parti: un fusto metallico sulla superficie del quale vengono praticate delle forature per permettere la fuoriuscita del calore e, in aderenza, una membrana esterna sempre metallica, la cui sezione è sagomata con un motivo verticale che ricorda le scanalature dei rocchi delle colonne doriche (fig. 5). Questo secondo rivestimento cela alla vista le bucature del fusto interno traforato, e il calore fuoriesce in alto e in basso poiché i vuoti della sagomatura allontanano la superficie in corrispondenza delle asole della prima membrana. Questo 'basamento' scanalato fodera il fusto portante che presenta alla base un gradino, uno 'stilobate' e in alto una piegatura ad anello dalla sezione fortemente assottigliata all'estremità, ed entrambe le soluzioni

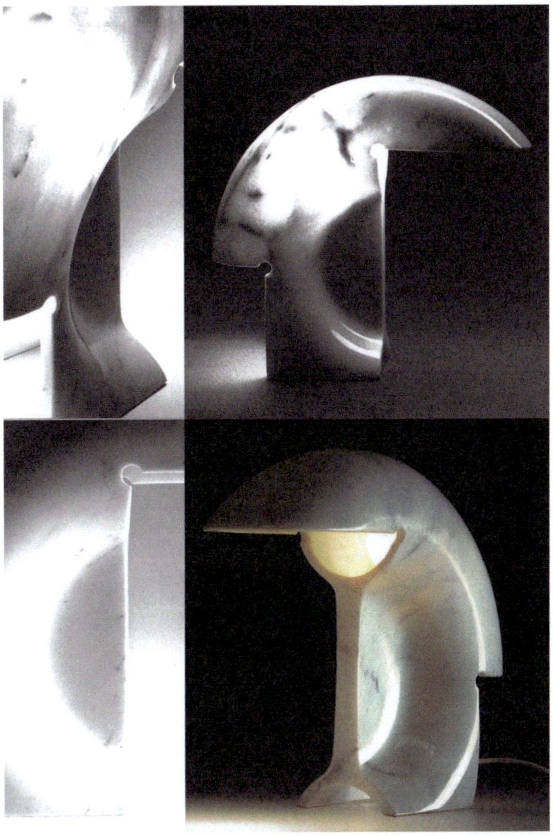

Fig. 6: Tobia Scarpa, lampada da tavolo 'Biagio' in marmo bianco statuario, 1968.

di base e di coronamento hanno una finitura cromata a specchio. L'anello in alto ha una sezione studiata per accogliere l'elemento sovrastante liberamente basculante in aderenza, solo appoggiato. Questo secondo elemento è una sorta di paraboloide cavo realizzato in vetro soffiato trasparente a forte spessore, che può orbitare entro certi limiti, pena la caduta rovinosa e la sua rottura. La funzione del paraboloide è quella di sostenere il terzo elemento appoggiato, il riflettore, un disco in alluminio leggero smaltato bianco che presenta una sezione inflessa verso l'interno, molto simile a quello delle antenne paraboliche, e una doppia finitura, satinata all'interno e lucida verso l'esterno. La composizione assolutamente inedita di questi tre elementi dà luogo ad un oggetto fortemente enigmatico, dotato di un'aura che provoca nell'osservatore un'attrazione per una forma inconsueta e al tempo stesso familiare. Al paraboloide vitreo si possono attribuire un certo numero di valenze virtuosistiche per il trattamento del vetro: una 'bolla di sapone' poggiata su un solido basamento che emette luce con il 'coperchio' che rimanda la luce verso il basso. Quando è spenta la lampada vibra visivamente per i riflessi che producono il vetro curvato, le superfici cromate e gli effetti di modulazione della luce derivanti dalle scanalature del rocchio di base. Un oggetto che reagisce alla luce diurna e poi nel buio si anima di una propria luce morbida e sensuale.

Fig. 7: Massimo Zammerini, studio per la lampada da tavolo 'L', 2017, in lastre di marmo a spessore ridotto retroilluminate a Led.

Inizialmente sperimentata dai Castiglioni nel prototipo con il paraboloide in plexiglass, che però si distorceva con il calore, questo oggetto è un condensatore di memorie riassemblate: dalle suggestioni che provengono dalle missioni spaziali di questi anni che restituiscono immagini di 'calotte' sferiche, una certa estetica da oggetto spaziale (il primo lancio di un satellite artificiale in orbita terrestre, lo Sputnik 1 effettuato dall'URSS, data 4 ottobre 1957 e il primo uomo che atterra sulla luna avviene nel 1969), oppure una fascinazione che proviene dalla cinepresa, dal modo di illuminare i set con schermi a luce riflessa. Si tratta di una luce culturalmente contestualizzata e colma dell'estetica del proprio tempo, ma che tuttavia marca una differenza: è una luce trattenuta, protetta che ci riporta ad atmosfere ipotizzate nell'illuminazione tenue delle dimore antiche, così come perviene a noi anche attraverso la finzione scenica.

Il tema della luce preservata e filtrata con mediazioni assai raffinate è una caratteristica dell'arte dei fratelli Castiglioni, ma è un tema che ritroviamo anche nel progetto per 'Biagio', disegnata da Tobia Scarpa nel 1968: una forma geometrica complessa dove si incontrano le esigenze tecniche della lavorazione del marmo, spinte anche in questo caso a livelli di virtuosismo, e una volontà di forma che ha radici iconografiche in continuità con una tradizione di eccellenza. Questa scultura luminosa in marmo bianco statuario prodotta in serie spinge la sua articolata sezione

Fig. 8: Massimo Zammerini, studio per la lampada da tavolo 'Novanta', 2017, con base in marmo nero assoluto e diffusore in vetro extrachiaro.

fino al raggiungimento di uno spessore così ridotto da permettere il passaggio della luce attraverso il marmo, rivelando il disegno delle venature che è diverso per ogni esemplare. Realizzata con un processo industrializzato di altissima precisione e rifinita a mano, sembra una forma nata per uno stampo in materia plastica e dunque la sua consistenza marmorea è sorprendente, in decisa controtendenza rispetto alle coeve ricerche sugli oggetti lampada con caratteristiche formali basate sull'estetica dello stampo. Un oggetto plasmato tridimensionalmente con maestria e forza immaginifica, una 'lampada di marmo'. Da un unico blocco di marmo si ricavano due lampade, grazie ad un'intuizione sul procedimento tecnico a lavorazioni di sottrazione progressiva della materia, fino alla sua lucidatura manuale. All'interno del guscio, una semplice lampadina da 100 watt riscalda le superfici marmoree, disvelandone la struttura costitutiva.

Note

Ricerca condotta nell'ambito del PRIN 2015 – *Luce crea Luce* (2015PX7BEY), Unità Operativa dell'Università degli studi di Roma La Sapienza.

[1] Frampton 1980.

[2] De Fusco 1985.

[3] Zammerini 2012.

[4] Zevi 1990.

[5] Scheerbart 1982.

[6] Massobrio – Portoghesi 1976.

[7] Schulze 1989, 203.

[8] Sloan 2001.

[9] Albarello 2016, 104 s.

[10] Irace 2011, 32 s.

[11] Dal Co 1994, 102–119.

[12] Turrini 2010.

[13] Kolbitz 2017, 4. 30. 61. 108 s. 122-125. 237. 310–313. 320 s. 336 s.

[14] Zammerini 2002.

[15] Benjamin 1935.

[16] Ferrari 1984.

Indice delle figure

Figs. 1–5. 7–8: M. Zammerini. – Fig. 6: fotomontaggio M. Zammerini da L. Svegliado, catalogo Flos 1991.

Bibliografia

Albarello 2016

C. Albarello, Costruzioni letterarie e valori cromatici nel Danteun di Pietro Lingeri e Giuseppe Terragni, in: M.G. Fachechi (ed.), Bianco. Forme e visioni di architetture senza colori, Opus incertum Rivista di Storia dell'architettura Università degli Studi di Firenze (Seconda serie) (Firenze 2016) 104–116.

Benjamin 1935

W. Benjamin, L'opera d'arte nell'era della sua riproducibilità tecnica 5 (Torino 1970).

Dal Co 1994

F. Dal Co, Tadao Ando (Milano 1994).

De Fusco 1985

R. De Fusco, Storia del design (Bari 1985).

Frampton 1980
K. Frampton, Modern Architecture: a Critical History (London 1980).
Ferrari 1984
P. Ferrari, Achille Castiglioni (Milano 1984).
Kolbitz 2017
K. Kolbitz, Entrywais of Milan (Bonn 2017).
Irace 2011
F. Irace, Gio Ponti (Milano 2011).
Massobrio – Portoghesi 1976
G. Massobrio – P. Portoghesi, Album degli anni Venti (Roma 1976).
Scheerbart 1982
P. Scheerbart, Architettura di vetro (Milano 1982).
Schulze – Windhorst 1989
F. Schulze – E. Windhorst, Mies van der Rohe. A Critical Biography (Chicago 1989).
Sloan 2001
J.L. Sloan, Schermi di luce. I vetri decorativi di Frank Lloyd Wright (Milano 2001).
Turrini 2010
D. Turrini, Alberto Campo Baeza, Pietra Luce, Tempo (Firenze 2010).
Zammerini 2002
M. Zammerini, Concorso per il Palazzo Littorio, Universale di Architettura fondata da Bruno Zevi (Torino 2002).
Zammerini 2012
M. Zammerini, Cambio di scena. La scenografia teatrale, architettura tra realismo e astrazione. (Roma 2012).
Zevi 1990
B. Zevi, Storia dell'architettura moderna 8 (Torino 1990).

How to Perform and Publish a Lychnological Research with Multilingual Bibliography in the 4.0 Era: Reflections, Examples and Suggestions

Laurent Chrzanovski

Abstract

The contribution focuses on the online bibliographic research strategy concerning lychnological studies. It proposes an empirical approach for finding the best results among multilingual publications.

Since the fall of the Berlin Wall, almost all governments decided to apply a nationalist language policy in humanities. As a sad consequence, if we speak about archaeology, even the most prestigious journals (edited by the Academy of Sciences and by the country's main Universities and Museums), which gathered articles written only in mainstream languages are now delivered in each country's own language. Sometimes this comes even without a small abstract in one of the 5 "classical" languages used by many associations – as it is the case for the AIAC.

Meanwhile, in archaeology and humanities in general, some of the most "neglected" countries (in primis the central and eastern European ones as well as Turkey), have made great efforts to provide free access to digitized articles and books. But to find those publications means to search for them using their original exact title or at least the keywords enclosed in quotation marks, such as "clay lamps" assorted with other words, in different languages (fig. 1).

How to Search and how to Quote a Title Written in a Non-Mainstream Language?

For the best chance of success, of course, search the title – or a part of it – as it is in its original language. Do not search for the transliterated version as you found it in western texts, (i.e. rendered in Latin letters according to the phonetical pronunciation fitting the language of the text, which quotes the title you desire to find).

If you cannot copy-paste the title from a recent PDF and you have to copy it from a book, use one of the free multilingual online keyboards (such as the very complete https://www.lexilogos.com/keyboard).

The reason for this exercise is that no digital result will give you access to the original text (if available online) if you use the "archaic" transliteration rules used by librarians and imposed by several top archaeological journals.

Fig. 1: Some examples of recent books in a multitude of languages.

For instance, we recently found the bibliographic abbreviation and the complete title of a Bulgarian article quoted like this:

SULTOV 1968

Sultov B., Antični grobni nahodki ot Velikot'rnovski ok'rg, IOMVT 4, 1968, 41–55.

In fact, the exact title you need for performing a successful research on the net (and to quote the article to let further readers to do the same) should be:

SULTOV 1968

Султов, Б., Антични гробни находки от Великотърновски окръг. – ИОИМ Велико Търново 4, 41–55.

How to Search and how to Quote a Journal Title Written in a Non-Mainstream Language?

Remaining on the same example, another important element to avoid is to not use the transcription of the journal's title. Further, all library systems use the contemporary title, and the full bibliographical notice encompasses all names a journal has had through its history. So, avoid quoting a paper with the name of the journal according to the year of publication, as this title is often no longer its actual one.

In the article we mentioned, IOMVT is defined as "Izvestiâ na Okrzniâ Muzej Veliko T'rnovo", while the actual Bulgarian National Librarian System quotes it as ИОИМ = Известия на Регионален исторически музей Велико Търново. The most complete way to quote the mentioned issue would be: Известия на Регионален исторически музей Велико Търново, 4 (then Известия на Окръжния исторически музей Велико Търново, a.k.a. Известия – Исторически музей Велико Търново).

Abbreviations in any language (IOMVT, ИОИМ) are also an impediment for readers to find the PDF of the issue if it exists; these journals have useful websites, and are generally referenced on the net by their complete name.

The way to quote a periodical is a very important element, mainly in southern and eastern Europe, where several cities had new names during a quite short period (outside of the former USSR ones). This is also the case where territorial organizations, hence names (the equivalent of county, province, region, etc.), changed at least once during the communist regime, and a second time after the fall of the Berlin Wall.

We choose to underline this problem, because for lychnologists, issue n. 9 of the Varna Museum periodical delivers one of the most important discoveries concerning late lamps in the eastern Balkans, the Black Sea as well as Constantinopolis. It was discussed abundantly by John W. Hayes in his study on the lamps of the Saraçhane excavations,[1] and is the publication of the famous hoard of Byzantine lamp molds discovered at the Kranevo fortress.[2]

Just think that if you try to find Известна Археологическото Дружество в Гр. Сталин – subtitled Bulletin de la Société Archéologique à Staline (transcription: Izvestja Arheologicheskoto Drujestvo v Gr. Stalin), you will most probably have no results on the net. As a matter of fact, the famous Journal of the National Museum of Varna has been edited under this title for less than a decade and almost all national libraries quote those issues under Известия на Народния Музей Варна.

How to Quote Different Articles of an Author whose Name has been Transliterated in Different Ways?

In order to have an alphabetically and chronologically ordered bibliography using Latin characters, opt for one single version – if possible, the English one – of a precise author's name's transcription. Avoid diacritics on capitals as they may not be compatible with the font used by the editor.

For instance, the well-known Bulgarian ceramologist Мария Чичикова has papers published in foreign languages as Cicikova, Čičikova, and Chichikova. Hence, a correct way to get rid of this mess in abbreviating the author's work and to remove the impression that we are dealing with four separate authors could be:

CICIKOVA 1950

Чичикова М., Калъпи за антични лампи от Мизия.– Годишник на Археологическия музей Пловдив 2, 149–156

CICIKOVA 1973

M. Čičikova, Lampes avec la marque "Armeni", découvertes en Bulgarie.– Archaeologia Polona 14, 349–358

CICIKOVA 1974
M. Cicikova, Firmalampen du limes danubien en Bulgarie. In: Pippidi, D. M. (ed.), Actes du 9ᵉ Congrès international d'études sur les frontières romaines (Mamaïa, 6–13 septembre 1972), Bucharest, 155–165

CICIKOVA 1999
M. Chichikova, Lampes paléobyzantines de Novae. In: von Bülow, G.; Milcheva A. (eds.). Der Limes an der unteren Donau von Diokletian bis Herakleios. Vorträge der internationalen Konferenz Svištov, Bulgarien (1–5 September 1998), Sofia, 105–110

Otherwise, you can opt to sort the titles by linguistic groups, as Florin Curta did on his milestone work on late antique lamps in the Balkans.[3] As the article was published in Bulgaria, he started with references in Cyrillic-written languages, then Latin written ones, and ended with modern Greek ones.

Nevertheless, this choice obliges you also to put the abbreviated titles in the footnotes. According to the font changes made by the editor, the composer, and the typography, it could turn into a nightmare of 'small squares'. Additional proof-corrections would force you to reset all the characters, which were not understood by the graphic converters.

Examples of this second option:[4]

Аврамова, Д. / Машов, С. 2006. Археологически проучвания на Национален археологически резерват „Августа", с. Хърлец, община Козлодуй през 2005 г. Известия на Националния исторически музей 17, 19–26.

Аладжов, Д. 1995. Резултати от археологическите разкопки на Констанция. In: Панайотов, И. / Георгиева, Р. / Лещаков, К. / Александров, С. / Борисов, Б. (eds.). "Марица-изток". Археологически проучвания. Vol. 3. Раднево. 181–226.

Abadie-Reynal, C. 1989. Les amphores protobyzantines d'Argos (IV-e-VI- siècles). In: Déroche, V. / Spieser, J.-M. (eds.). Recherches sur la céramique byzantine. Paris. 47–56.

Aibabin, A. I. 2012. Early Byzantine Military Fibulae with Returned Foot from Southwestern Crimea. In: Böhlendorf-Arslan, B. / Ricci, A. (eds.). Byzantine Small Finds in Archaeological Contexts. Istanbul. 407–415.

Γερούση, Ε. 2010. Λυχνάρια από το νεκροταφείο της Ύστερης Αρχαιότητας και των πρωτοβυζαντινών χρόνων στην Περίσσα Θήρας. In: Παπανικόλα-Μπακιρτζή, Δ. / Κουσουλάκου, Ν. (eds.). Κεραμική της ύστερης αρχαιότητας από τον Ελλαδικό Χώρο (3ος-7ος μ. Χρ.). Επιστημονική συνάντηση, Θεσσαλονίκη, 12–16 Νοεμβρίου 2006. Vol. 1. Θεσσαλονίκη. 217–231.

Γκουτζιουκώστας, Α. / Μονίαρος, Ξ. 2009. Η περιφερειακή διοικητική αναδιοργάνωση της βυζαντινής αυτοκρατορίας από τον Ιουστινιανό: η περίπτωση της quaestura Iustiniana exercitus. Θεσσαλονίκη.

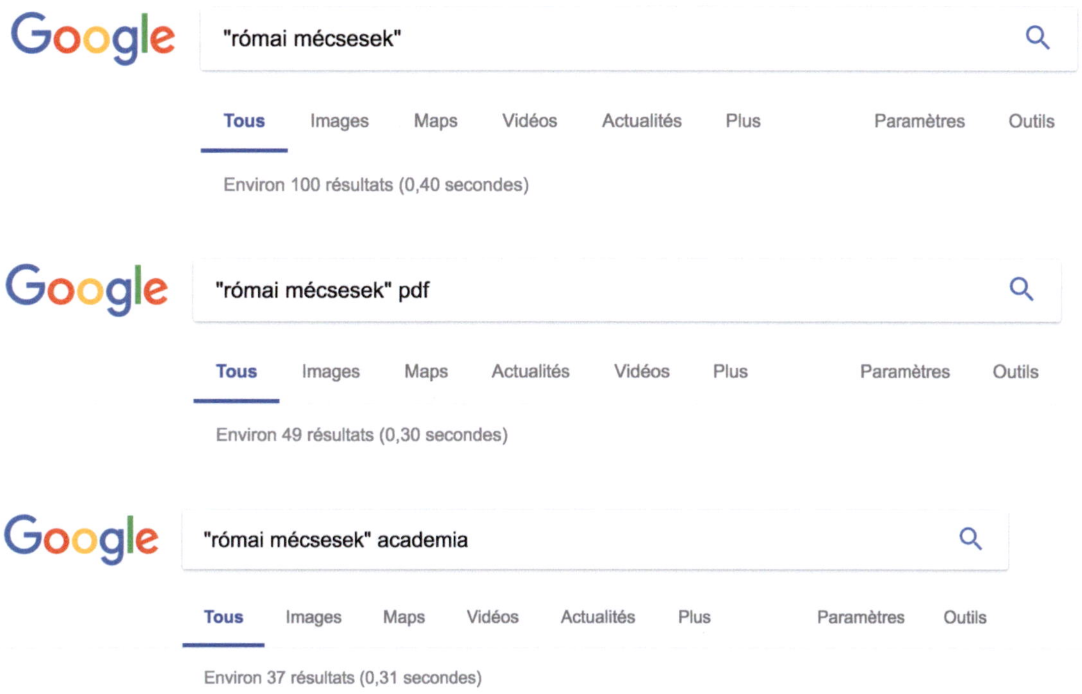

Figs. 2–4: Research performed with the 3 different ways and number results.

A Small Dictionary to Help You to Combine Correct Research Terms and Find Results

Ending with the starting point, when you want to search in a generic way for what has been published in a single country, try to combine the different basic terms listed below. Remember that the easiest way is to enclose the desired terms in quotation marks first (fig. 2). If you search only for online available full texts, then add "pdf" (fig. 3) or "academia" (fig. 4), for those who did not opt for Academia Pro, where you can perform a keyword search in each article.

To help you to get acquainted with the main keywords of 20 languages used in Europe and around the Mediterranean, we propose hereunder a small lychnological dictionary. This collective work is the fruit of an exceptional collaboration with many colleagues, who took care of the language(s) they master perfectly. Each of them receives our deepest thanks for their efforts: Dr. Cristina Bodó (HUN); Dr. Aleksandra Nestorovic (SLO/HRV/SRB); Dr. Exhlale Dobruna-Salihu (ALB); Dr. Ioannis Motsianos (GRE); Dr. Ergün Laflı (TUR); Dr. Evgenia Genceva (BUL); Dr. Florin Topoleanu (ROM); Dr. Irina Sheiko (UKR); Dr. Denis Zhuravlev (RUS); Drd. Ani Eblighatian (ARB); Dr. Benjamin Storchan (HEB);Dr. Marta Fitula and Dr. Janusz Recław (POL). The remaining entries were done by the author.

Languages are set by areas: Western Mediterranean, Central Europe, Eastern Adriatic, Black Sea, Arabic world.

Portuguese:

Lamp (s):	lucerna (sg.); lucernas (pl.) (rare: lâmpada; lâmpadas)
Clay lamp/s:	lucerna de barro cocido / lucernas de barro cocido
Bronze lamp/s:	lucerna em bronze / lucernas em bronze
Greek lamp/s:	lucerna grega / lucernas gregas
Hellenistic lamp/s:	lucerna helenística / lucernas helenísticas
Roman lamp/s:	lucerna romana / lucernas romanas
Late Roman lamp/s:	lucerna tardo-antiga / lucernas tardo-antigas
Byzantine lamp/s:	lucerna bizantina /lucernas bizantinas

Spanish:

Lamp (s):	lucerna (sg.); lucernas (pl.)
Clay lamp/s:	lucerna de terracota / lucernas de terracota
Bronze lamp/s:	lucerna de bronce / lucernas de bronce
Greek lamp/s:	lucerna griega / lucernas griegas
Hellenistic lamp/s:	lucerna helenistica / lucernas helenisticas
Roman lamp/s:	lucerna romana / lucernas romanas
Late Roman lamp/s:	lucerna tardorromana / lucernas tardorromanas
Byzantine lamp/s:	lucerna bizantina / lucernas bizantinas

Catalan

Lamp (s):	llàntia (sg.); llànties (pl.)
Clay lamp/s:	llàntia de terracota / llànties de terracota
Bronze lamp/s:	llàntia de bronze / llànties de bronze
Greek lamp/s:	llàntia grega / llànties grecs
Hellenistic lamp/s:	llàntia helenística / llànties helenísticas
Roman lamp/s:	llàntia romana / llànties romanes
Late Roman lamp/s:	llàntia tardo romana / llànties tardo romanes
Byzantine lamp/s:	llàntia bizantina / llànties bizantines

French:

Lamp (s):	lampe à huile (sg.); lampes à huile (pl.)
Clay lamp/s:	lampe de terre cuite / lampes de terre cuite (or "en" instead of "de")
Bronze lamp/s:	lampe de bronze / lampes de bronze (or "en" instead of "de")
Greek lamp/s:	lampe grecque / lampes grecques
Hellenistic lamp/s:	lampe hellénistique / lampes hellénistiques
Roman lamp/s:	lampe romaine / lampes romaines
Late Roman lamp/s:	lampe tardo-antique / lampes tardo-antiques
Byzantine lamp/s:	lampe byzantine / lampes byzantines

Italian:

Lamp (s):	lucerna (sg.); lucerne (pl.)
Clay lamp/s:	lucerna di terracotta / lucerne di terracotta
Bronze lamp/s:	lucerna di bronzo / lucerne di bronzo
Greek lamp/s:	lucerna greca / lucerne greche
Hellenistic lamp/s:	lucerna ellenistica / lucerne ellenistiche
Roman lamp/s:	lucerna romana / lucerne romane
Late Roman lamp/s:	lucerna tardoantica / lucerne tardoantiche
Byzantine lamp/s:	lucerna bizantina/ lucerne byzantine

German:

Lamp (s):	Öllampe (sg.); Öllampen (pl.) (Ö = Oe)
Clay lamp/s:	Tonlampe / Tonlampen
Bronze lamp/s:	Bronzelampe / Bronzelampen
Greek lamp/s:	griechische Lampe / griechische Lampen
Hellenistic lamp/s:	hellenistische Lampe / hellenistische Lampen
Roman lamp/s:	römische Lampen / römische Lampen
Late Roman lamp/s:	spätantike Lampe / spätantike Lampen
Byzantine lamp/s:	byzantinische Lampe / byzantinische Lampen

(!) very often, lamps with an ornamented discus from early Roman to Late Antique times are named Bildlampe (sg.) or Bildlampen (pl.): "lamp with an image"

Polish:

Lamp (s):	Lampa oliwne (sg.); Lampki oliwne (pl)
Clay lamps:	Ceramiczna lampa oliwne / Ceramiczne lampki oliwne
Bronze lamp/s:	Lampa oliwne z brązu / Lampki oliwne z brązu
Greek lamp/s:	Grecka lampa oliwne / Greckie lampki oliwne
Hellenistic lamp/s:	Hellenistyczna lampa oliwne / Hellenistyczne lampki oliwne
Roman lamp/s:	Rzymska lampa oliwne / Rzymskie lampki oliwne
Late Roman lamp/s:	Późnorzymska / Późnorzymskie lampki oliwne
Byzantine lamp/s:	Bizantyjska lampa oliwne / Bizantyjskie lampki oliwne

Hungarian:

Lamp (s):	mécses (sg.); mécsesek (pl.)
Clay lamp/s:	agyag mécses / agyag mécses; agyag mécsesek / agyagmécsesek
Bronze lamp/s:	bronz mécses / bronzmécses; bronz mécsesek /bronzmécsesek
Lighting devices:	világító eszközök
Greek lamp/s:	görög mécses / görög mécsesek
Hellenistic lamp/s:	hellenisztikus mécses / hellenisztikus mécsesek
Roman lamp/s:	római mécses / római mécsesek
Late Roman lamp/s:	késő római mécses / késő római mécsesek
Byzantine lamp/s:	bizánci mécses / bizánci mécsesek

Slovenian:

Lamp (s):	Svetilka/oljenka (sg.); svetilke/oljenke (pl.)
Clay lamps:	Keramične/lončene svetilke
Bronze lamps:	Bronaste svetilke
Greek lamp/s	grška svetilka / grške svetilke
Hellenistic lamp/s:	helenistična svetilka / helenistične svetilke
Roman lamp/s:	rimska svetilka / rimske svetilke
Late Roman lamp/s:	pozno rimska svetilka / pozno rimske svetilke
Byzantine lamp/s:	bizantinska svetilka / bizantinske svetilke

Croatian:

Lamp (s):	Svjetiljka (sg.); svjetiljke (pl.)
Clay lamps:	Keramičke svjetiljke
Bronze lamps:	Brončane svjetiljke
Greek lamp/s:	grčka svjetiljka / grčke svjetiljke
Hellenistic lamp/s:	helenistička svjetiljka / helenističke svjetiljke
Roman lamp/s:	rimska svjetiljka / rimske svjetiljke
Late Roman lamp/s:	kasno rimska svjetiljka / kasno rimske svjetiljke
Byzantine lamp/s:	bizantinska svjetiljka / bizantinske svjetiljke

Serbian:

Lamp (s):	Светиљка (sg.); Светиљке (pl.)
Clay lamps:	керамичке светиљке
Bronze lamps:	бронзане светиљке
Greek lamp/s:	грчка светиљка / грчке светиљке
Hellenistic lamp/s:	хеленистичка светиљка / хеленистичке светиљке
Roman lamp/s:	римска свеитљка / римске светиљке
Late Roman lamp/s:	касно римска светиљка / касно римске светиљке
Byzantine lamp/s:	византијска светиљка / византијске светиљке

Albanian:

Lamp (s):	kandil/llambë vaji (sg.); kandila/llamba vaji (pl.)
Clay lamps:	kandila prej argjile
Bronze lamps:	kandila prej bronzi
Greek lamp/s:	kandil grek / kandila grekë
Hellenistic lamp/s:	kandil helenistik / kandila helenistikë
Roman lamp/s:	kandil romak / kandila romakë
Late Roman lamp/s:	kandil i vonë romak / kandila të vonë romakë
Byzantine lamp/s:	kandil bizantin / kandila bizantinë

Greek:

Lamp (s):	λύχνος (sg.); λύχνοι (pl.). Also λυχνάρι (sg.) λυχνάρια (pl.)
Clay lamps:	πήλινος λύχνος (sg.) πήλινοι λύχνοι (pl.). Also πήλινο λυχνάρι (sg.) πήλινα λυχνάρια (pl.)
Bronze lamps:	μπρούντζινος λύχνος or χάλκινος λύχνος (sg.) μπρούντζινοι λύχνοι or χάλκινοι λύχνοι (pl.). Also μπρούντζινο λυχνάρι or χάλκινο λυχνάρι (sg.) μπρούντζινα λυχνάρια or χάλκινα λυχνάρια (pl.)
Greek lamp/s:	ελληνικός λύχνος (sg.) ελληνικοί λύχνοι (pl.). Also ελληνικό λυχνάρι (sg.) ελληνικά λυχνάρια (pl.)
Hellenistic lamp/s:	ελληνιστικός λύχνος (sg.) ελληνιστικοί λύχνοι (pl.). Also ελληνιστικό λυχνάρι (sg.) ελληνιστικά λυχνάρια (pl.)
Roman lamp/s:	ρωμαϊκός λύχνος (sg.) ρωμαϊκοί λύχνοι (pl.). Also ρωμαϊκό λυχνάρι (sg.) ρωμαϊκά λυχνάρια (pl.)
Late Roman lamp/s:	ύστερος ρωμαϊκός λύχνος (sg.) ύστεροι ρωμαϊκοί λύχνοι (pl.). Also ύστερο ρωμαϊκό λυχνάρι (sg.) ύστερα ρωμαϊκά λυχνάρια (pl.)
Byzantine lamp/s:	βυζαντινό λυχνάρι (sg.) βυζαντινά λυχνάρια (pl.)

Turkish:

Lamp (s):	kandil (sg.); kandiller (pl.)
Clay lamp/s:	Pişmiş toprak kandil / Pişmiş toprak kandiller
Bronze lamp/s:	Bronz kandil / Bronz kandiller
Greek lamp/s:	Antik Yunan Dönemi kandil / Antik Yunan Dönemi kandilleri
Hellenistic lamp/s:	Hellenistik Dönem kandil / Hellenistik Dönem kandilleri
Roman lamp/s:	Roma Dönemi kandil / Roma Dönemi kandilleri
Late Roman lamp/s:	Geç Roma Dönemi kandil / Geç Roma Dönemi kandilleri
Byzantine lamp/s:	Bizans Dönemi kandil / Bizans Dönemi kandilleri

Bulgarian:

Lamp (s):	лампа (sg.); лампи (pl.)
Clay lamp/s:	глинена лампа / глинени лампи
Bronze lamp/s:	бронзова лампа / бронзови лампи
Greek lamp/s:	гръцка лампа/гръцки лампи
Hellenistic lamp/s:	лампа от елинистическата епоха / лампи от елинистическата епоха
Roman lamp/s:	римска лампа / римски лампи Also лампа от римската епоха / лампи от римската епоха
Late Roman lamp/s:	късноримска лампа / късноримски лампи
Byzantine lamp/s:	византийска лампа / византийски лампи Also лампа от византийската епоха / лампи от византийската епоха

Romanian:

Lamp (s):	opaiţ (sg.); opaiţe (pl.) / lampă (sg.); lămpi (pl.)
Clay lamps:	opaiţ / lampă de lut; opaiţe / lampi de lut
Bronze lamps:	opaiţ / lampă de bronz; opaiţe / lămpi de bronz
Greek lamp/s:	opaiț grecesc /opaițe grecești
Hellenistic lamp/s:	opaiț elenistic / opaiţe elenistice
Roman lamp/s:	opaiț roman / opaiţe romane
Late Roman lamp/s:	opaiț roman târziu / opaițe romane târzii
Byzantine lamp/s:	opaiț bizantin / opaițe bizantine

Ukrainian:

Lamp (s):	світильник (sg.) світильники (pl.)
Clay lamps:	Керамічний світильник / Керамічні світильники
Bronze lamps:	бронзовий світильник / бронзові світильники
Greek lamp/s:	Грецький світильник / Грецькі світильники
Hellenistic lamp/s:	Елліністичний світильник / Елліністичні світильники
Roman lamp/s:	Римський світильник / Римські світильники
Late Roman lamp/s:	Пізній Римський світильник / Пізні римські світильники
Byzantine lamp/s:	Візантійський світильник / Візантійські світильники

Russian:

Lamp (s):	светильник (sg.); светильники (pl.)
Clay lamps:	глиняные светильники
Bronze lamps:	бронзовые светильники
Greek lamp/s:	греческий светильник / греческие светильники
Hellenistic lamp/s:	эллинистический светильник / эллинистические светильники
Roman lamp/s:	римский светильник / римские светильники
Late Roman lamp/s:	позднеримский светильник / позднеримские светильники
Byzantine lamp/s:	византийский светильник / византийские светильники

Arabic:
Lamp (s): سرّاج (sg.); سُرُج (pl.)
Clay lamps: فخّاريّة سُرُج (literally طينيّة سُرُج, but this is not a common term)
Bronze lamps: برونزيّة سُرُج
Greek lamp/s: يونانيّة سُرُج / يونانِ سرّاج
Hellenistic lamp/s: هلنستيّة سُرُج / هلنسي سرّاج
Roman lamp/s: رومانيّة سُرُج / رومانِ سرّاج
Late Roman lamp/s: متأخّرة رومانيّة سُرُج / متأخّر رومانِ سرّاج
Byzantine lamp/s: بيزنطيّة سُرُج / بيزنطي سرّاج

Hebrew :
Lamp: רנ (sg.), תורנ (pl.)
Clay lamps: סרח תורנ
Bronze lamps: הזנורב תורנ
Greek lamp/s: םיינווי תורנ/ ינווי רנ
Hellenistic lamp/s: םייטסינלה תורנ/ יטסינלה רנ
Roman lamp/s: םיימור תורנ/ ימור רנ
Late Roman lamp/s: םירחואמ םיימור תורנ/ רחואמ ימור רנ
See also: תרחואמה תימורה הפוקתהמ רנ
Byzantine lamp/s: םייטנזיב תורנ / יטנזיב רנ

Notes

[1] Hayes 1992, 80–90.
[2] Тончева 1953, 81–88.
[3] Curta 2016.
[4] Curta 2016, 104 f.

Image Credits

Figs. 1–4: Laurent Chrzanovski.

References

Curta 2016
F. Curta, Shedding Light on a Murky Matter: Remarks on 6th to Early 7th Century Clay Lamps in the Balkans, ABulg 20, 2016, 51–116.

Hayes 1992
J.W. Hayes, Excavations at Saraçhane in Istanbul 2. The Pottery (Princeton 1992).
Tontceva 1953
Г. Тончева, Керамична работилница край с. Кранево .– Известия на Народния музей Варна (then Известия на Археологическото дружество в гр. Сталин), IX (1953).

Printing and Binding
Books on Demand GmbH, Norderstedt